大食物问题系统治理

刘广伟 著

人民出版社

目　录

前　言
树立大食物观，发现并解决大食物问题

进入 21 世纪，人民日益增长的美好生活需要，反映在吃饭这件事上，就是"三食"（食温饱、食安全、食健康）问题。在满足了食温饱之后，如何食安全、食健康，成为人民美好生活的关注点，也是政府管理的重点和难点。如何破解这一难题？如何"既要端牢饭碗，又要吃出健康，还要持续久安"？是摆在我们面前的重大课题。

要树立大食物观，就是要拓宽视野，发现大食物问题，解决大食物问题。大食物观是新时代社会发展进步的一个标志。大食物观与传统的食物观相比，范围更加宽大，不仅要看到显性问题，还要看到隐性问题；不仅是食物问题，也包括食者和食事秩序问题。

大食物问题不仅涉及粮食，还有蔬菜、水果、肉类、饮用水等；大食物问题也不只是食物问题，还有食者健康问题，以及与之相关的社会秩序问题。从食学科学体系的角度来看，大食物问题就是食事问题。

食事，是一个大概念，是指所有与食物获取、利用相关的行为及其结果。食事不仅是餐桌上的行为，它还包括食物野获、食物驯化、食物加工、食物流通、食者健康、吃事养生、吃事疗疾、食事行政、食事教育等人类所有的现象和活动。食事问题，抑是一个大概念，包括人类在食物、食者、食序领域遇到的所有问题。人是有机体，必须依靠食物转化才能存活。个体失去食物，就失去了生命；人类失去食物，就失去了种群延续。

大食物问题不仅连着 14 亿多人的粮食，还连着 14 亿多人的健康。既要优先解决大食物问题，又要全面解决大食物问题，要跳出以往固有的思

维模式，把食物获取与食者健康统一起来，把食物生态与食物生产统一起来，把农民利益与市民的食利益统一起来，把食事疾病与健康中国统一起来，把高质量发展与可持续发展统一起来。

大食物问题并非只是一个食物数量、质量问题，它还包括食物浪费问题、食物需求问题（人口问题）、食事污染问题（环境问题）、食物持续问题（资源问题）、吃病问题（健康问题）、吃权问题（平等问题）、食物垄断问题（和平问题）等等。

大食物问题就是食事问题。浩若烟海，从古至今，还没有一个"库房"把它们全数纳入和分门别类盘点清楚。

对于人类来说，没有比获得食物更悠久的问题。换句话说，其他问题都是吃饱之后的问题。从人类诞生那天起，就与食事问题做伴。此后历经沧桑变化，无论是缺食社会还是足食社会，食事问题一直跟随着人类，表现形态有变化，但是问题的实质没有改变。可以这样说，人类的食事问题和迄今为止的人类历史等长。

大食物问题不仅与食母系统即地球生态系统相关，与人类群体有关，更与人类每个个体相关，只要有人的地方，就有食事问题。对于人类来说，无论是从空间还是从时间上看，食事问题均普遍存在。只要是地球人，就会受到食事问题的困扰，每天早上醒来都要面对食事问题。

今天人类所面临的食事问题，不再是单项问题的单一体，而是一个庞大的、复杂的综合体。食事问题包括食物问题、食者问题、食母问题三个方面。从问题的分类说，有老问题也有新问题，有共性问题也有个性问题，有整体问题也有部分问题，有社会问题也有个人问题，有显性问题也有隐性问题，有内部问题也有外部问题，有近期问题也有远期问题，有食母问题也有食具问题，有食者问题也有食物问题。这么多的问题交织在一起，盘根错节，此起彼伏，让人眼花缭乱，目不暇接。许多社会问题都与食事问题密切相关，例如，人口问题也是食物需求问题，环境问题也有食事污染问题，资源问题也包括食物持续供给问题，健康问题离不开吃病和吃疗问题，人权问题的根本是吃权问题，和平问题中有食物短缺问题、食物种子垄断问题等。

大食物问题是人类最大、最多、最久、最普遍、最复杂的问题，所以解决的难度也最大。面对食事问题，从古至今许多志士仁人一直想挑战它，但最多是个别解决、部分解决，迄今为止也没有整体解决、彻底解决。究其主要原因是缺乏对食事客体的整体认知。这就如同"盲人摸象"，不识其象全貌，自然不能驯服大象。

大食物问题是一个客观整体，无论人类怎么认识它，它都是一个整体，一个食者、食物、食序相互联系的整体。面对这个问题，分而治之事倍功半，只有合而治之才能事半功倍。只有整体认知才能带来整体治理。

大食物问题是制约人类可持续发展的重大问题。在 2015 年联合国制定的全球可持续发展目标（SDGs）中，有 13—17 个问题与食事相关，这些食事问题不能彻底解决，可持续发展目标就不能实现。是在人类发展日益一体化的今天，食事问题不解决，会影响到人类的个体健康、群体和谐，最终影响到种群的可持续。

大食物问题是人类文明的"源问题"与"根问题"。人类文明起源于应对食事问题的诉求之中，无论是智慧与礼仪，还是权力与秩序，均源自食事问题的应对过程。理解了食事问题与人类文明的"源关系"，就容易理解食事问题与人类文明的"根关系"。每当重大冲突来临，无论是人类内部的冲突（如战争），还是人类的外部冲突（如瘟疫），食事问题的"根性"特征都会显现出来，所有的社会问题都会服从食事问题，因为只有食事才是决定人类生存的首要前提。换句话说，如果食事问题解决不好，任何形式的文明大厦都会坍塌，这就是其"根性"的作用所在。

在人类文明的早期，食事问题呈分散状态。伴随科技发展、社会进步，当今地球已经成为一个大的"村落"，当今人类也已结为你中有我、我中有你的"命运共同体"。在这种态势面前，不仅食事问题日益呈现出全球一体化的特色，对食事问题的全面彻底解决，也必须依赖整体认知。诺贝尔经济学奖得主赫伯特·西蒙说："所谓解决问题，就是把问题呈现出来，从而使解决方案一目了然。"① 全面梳理人类当今的食事问题，列出它们的存在现象，认清它们的危害程度，分析它们的产生原因，探讨它们的应对手段，是全面、彻底解决大食物问题的前提，也是树立大食物观、实现食业文明的前提。

本书确立了食事、食事问题等相关概念的定义，分析了人类食事问题认知的海量化、割据化、碎片化的现状，食事问题长期性、复杂性、顽固性的特征，食事问题的种种根源及其危害，提出了从时间、形态、性状、呈现、对象、空间、因果、距离、损益、供需等认知食事问题的 10 个维度，总结了人类应对食事问题的 5 个历史阶段、4 种不同态度及不同结果和 3 个领域，总结了人类治理大食物问题的 3 个维度、3 个目标及大食物问题治理的 2 个标志。

本书从大食物问题系统治理的角度出发，提出构建覆盖大食物问题的行政体系，治理大食物问题的法律体系，应对大食物问题的教育、研究体系，着眼大食物问题的经济体系和解决大食物问题的数控平台和个人治理体系。

本书从大食物问题角度出发，分析了食事习俗的定义，区分了食俗的良俗和陋俗，同时提出了开展食事礼俗教育的具体措施。最后对全面治理大食物问题的目标——食业文明进行分析，提出了食业文明的 7 个食事特征以及食业文明的 4 个实现条件。

---

① ［美］赫伯特·西蒙：《人工科学——复杂性面面观》，上海科技教育出版社 2004 年版，第 139 页。

第一章　发现大食物问题

食事问题，包括人类在食物获取、食者健康、食事秩序领域遇到的所有问题。

问题，是指人类生存与发展过程中出现的矛盾和疑难。从人类诞生到今天，什么问题最大？什么问题最多？什么问题历时最久？什么问题最普遍？什么问题最复杂？什么问题解决起来最难？什么问题从根本上推动了文明进程？什么问题威胁着人类的生存？什么问题制约了人类的可持续发展？答案都是一个：大食物问题。

找到问题的本质，是解决问题的前提。解决大食物问题，首先就要对大食物问题有一个充分全面的了解。

第一节　概念和定义

进行大食物问题的研究，首先要搞清楚大食物问题的定义，即大食物问题的基本概念。这是开展大食物问题研究的出发点和立足点，也是解决大食物问题必须先搞清楚的问题。

大食物问题相关名词包括食事、食事行为、食事行为系统、食事问题等。食事问题又包括食物问题、食母问题、食者问题、食为问题、食具问题、食物获取问题、食者健康问题、食事秩序问题、时间食物问题和空间食物问题等。

大食物问题的研究与应对都是围绕这些概念展开的，准确界定这些概念的内涵和外延是确立大食物问题定义的前提。

一、食事

食事是指谋取食物并吃入体内的行为及结果。一切与食物获取、利用相关的行为及结果都可归于食事范畴。食事不仅是餐桌上的行为，它还包括食物获取、食者健康、食事秩序等人类所有的食行为和结果。

食事可以分为生产食物之事、利用食物之事、食事秩序之事。其中生产食物之事可以分为野获食物之事、驯化食物之事、加工食物之事、流转食物之事等；利用食物之事可以分为鉴别肌体之事、鉴别食物之事、吃事、吃病认知之事、吃审美之事、吃疗疾之事；食事秩序之事可以分为食事经济之事、食事法律之事、食事教育之事、食事行政之事、食事数控之事、食为习俗之事、食史研究之事。

食事是人类文明的重要内容。在野获历史阶段，人类社会除了生殖繁衍之外的所有事情，几乎都是食事；所有的从业者，几乎都是食业从业者。在驯化历史阶段，人类社会90%以上的事情仍然是食事，绝大多数的人类社会成员仍然是食业劳动者。进入工业化社会以来，化学添加物的使用，动力机械的加入，使得食物生产的效率大幅提升，直接从事食业的人口减少，但是食事仍然是人类的头等大事。进入21世纪，随着交通、信息业的发展，人类的食事已经形成了一个相互联系的全球性整体。人类社会的可持续，仍然离不开对食事的整体认知、整体应对和整体解决。

二、食事行为

行为是人的动作系统。食事行为是指食事的动作体系，简称食为。食事行为可以分为三类，即获取食物的行为、利用食物的行为、维持食事秩序的行为。

食为的起源伴随着人类的起源。一般认为，猿诞生于 2500 万年前，人类最早的祖先出现于距今大约 550 万年前。食为是文明的源头，这是我们认识食为重要性的一个前提。恩格斯说，古猿通过劳动转化为人。[①] 毫无疑问，那时的劳动是以食为为主的劳动。也就是说，正是人类与其他物种不同的食为，孕育了人类的文明进化。这是人类食为的独特性效应，针对这种独特性的研究，是把握人类今天与未来的重要学科领域。

从时间的角度来看，人类的食为可以分为五个历史阶段：第一阶段是指 2500 万年前至 200 万年前，作为猿人特征的择食、获食、摄食等行为方式，是猿人食为阶段；第二阶段是指 200 万年前至 20 万年前，作为直立人特征的择食、获食、摄食等行为方式，是直立人食为阶段；第三阶段是指 20 万年前至 1 万年前，作为智人特征的择食、获食、摄食等行为方式，是智人食为阶段；第四阶段是 1 万年前至 18 世纪中叶，作为古代人特征的择食、获食、摄食等行为方式，是古代人食为阶段；第五阶段是 1760 年第一次工业革命至今，作为现代人特征的择食、获食、摄食等行为方式，是现代人食为阶段。

分析以上食为五大阶段，有两个显著特点：一是时间间隔大幅递减，从约 2300 万、约 180 万、约 19 万到少于 1 万再到约 260 年；二是食为的内容趋于烦杂，从采摘、狩猎、食用到种植、养殖、食用，再到种植、养殖、各类加工、食用，再到合成食物的生产与利用等。认识人类食为的五个阶段的历史规律，研究人类食为的发展趋势，是关系到种群发展与延续的重要课题。人类的食事行为，是人类发展与成长的核心要素，是智慧、审美、礼仪、权力、秩序等文明之源头。没有食为，人类文明不会产生，也无法发展。

---

① 观点引自恩格斯《劳动在从猿到人的转变中的作用》，参见《马克思恩格斯文集》第 9 卷，人民出版社 2009 年版，第 550—551 页。

三、食事行为系统

系统，是指同类事物按一定关系组成的整体。食事行为系统，是指所有食事行为组成的整体，简称食为系统。

食为系统可以分为六类，即个体食为系统、家庭食为系统、族群食为系统、国家食为系统、区域食为系统、世界食为系统。

人类的食为，对于某一个人，特别是对于具有摄食能力的自然人，也就是食者来说，似乎只是日常的烹饪和进食行为。但是，当把全人类的食为看作一个整体时，则是一个庞大的客观集合，有着极其复杂的内在运行机制。

食为系统，是为满足人类食欲（渴望进食的生理本能）的种种行为的整体系统，是人类社会行为的主要构成，它是客观存在的，是不断变化的。从生存和延续的角度来看，这个系统要远远重要于人类其他的行为系统。

食为系统，经历了由小到大、由散到整、由无序到有序的六个渐进过程。第一是个体食为系统，是指个体每天、每年乃至一生的食为整体运行机制，是一个微系统；第二是家庭食为系统，是指家庭全体人员的食为整体运行机制；第三是族群食为系统，是指族群内部的食为整体运行机制；第四是国家食为系统，是指以国家为单位的食为整体运行机制，是一个相对封闭的系统；第五是区域食为系统，是指一个区域范围内的食为整体运行机制，国与国之间往往是因食物而打开大门，形成更大范围的区域食为系统；第六是世界食为系统，是指人类的食为整体运行机制。随着国与国、区域与区域之间食物交流的逐渐增加，特别是 16 世纪以来，发现新大陆、殖民统治和自由化贸易，更加快了世界食为系统的进化。当前的任务是，我们亟须建设一个关怀全球每一个人的食为系统，即关怀每一个人的食物数量、质量及可持续供给的食为系统。

四、食事问题

食事问题就是大食物问题，是指人类在食物获取、食者健康以及维持食事秩序的过程中遇到的疑难和矛盾。

食事问题从内容的角度可以分为食物问题、食母问题、食者问题，从主客观角度可以分为食为问题和食具问题，从领域角度可以分为食物获取问题、食者健康问题和食事秩序问题等。它们是从不同维度观察食事问题所产生的概念。

（一）食物问题

食物，是指维持生存与健康的入口之物质。食物问题是指保障食物数量、质量过程中遇到的疑难和矛盾，主要包括食物数量问题、食物质量问题和食物可持续问题等。

食物数量问题，是指食物与人口需求量之间关系出现的矛盾和疑难，包括饥饿问题、食物价格过低问题、食物浪费问题等。

食物质量问题，是指食物与肌体健康之间关系出现的矛盾和疑难，包括食物污染问题、食物假冒伪劣问题、合成物问题等。

食物可持续问题，是指在保障未来食物的连续供给可能性过程中出现的矛盾与疑难，包括对食母系统的破坏问题、污染问题、食母系统产能有限问题等。

（二）食母问题

食物母体是指孕育食物的要素本体，简称食母。食母问题是指在维护食物母体可持续的过程中遇到的疑难和矛盾。

面对人类活动无休止的干扰，城市规模的不断扩大，空气、水体、土壤的严重污染，以及温室效应的加剧等，我们的食母系统已经不堪重负。特别是百亿人口时代的即将来临，食物需求将挑战食物产能的极限。食母系统的正常运转，是人类食物持续供给的保障，也是人类种群延续的基础。食母系统的整体或局部失衡，将直接威胁到人类的生存。一切对无机系统的污染行为和对有机系统的干扰行为，都无异于人类自断食源、自掘坟墓。

（三）食者问题

食者，是从食事角度认知的人，即从事吃事行为的个体。食者问题是指食者在吃出健康长寿过程中所遇到的疑难和矛盾。

不当食事行为，吃方法的不完整不全面，造成了食者吃病丛生，在健康、亚衡、疾病"人体生命三阶段"中，亚衡和疾病阶段太长，健康阶段过短。同样由于上述原因，人类整体平均寿期过短。以国度人均寿期统计，最长的只有 84 岁，远未达到人类应该达到的 120 岁的寿期。

（四）食为问题

食为问题，是指在矫正不当食事行为过程中遇到的疑难和矛盾。

人类在食为方面的问题主要有两个：一是违背了食物母体的运行机制；二是违背了食物转化系统（简称"食化系统"）的运行机制。人类的食事行为不能任性、不能妄为，必须接受来自两个方面的约束：一是必须遵循食母系统客观规律的约束，以维持、延长人类种群的存续；二是必须遵循食化系统客观规律的约束，以维持、提高人类个体的健康寿期。如果违背了食母的运行机制，人类将面临灭顶之灾；如果违背了食物转化系统的运行机制，人类的生命质量将会严重下降直至提前终结。这是因为，食母系统的形成已经有 6500 万年，食化系统的形成也有 2500 万年，而人类文明的历史只有 7000 年。人类今天的食事行为是跳不出这两个以千万年为单位的运行机制的。人类的食事行为必须遵循这两个运行机制，且缺一不可。人类不能挑战这两个运行机制，只能适应它们的规律，遵循它们的机制。

人类对食为系统的整体认知还非常有限，尤其是当代，许多不当食为需要矫正，例如，食物不当的化学添加、食物的浪费等。如何矫正人类的不当食为，完善优化食为系统，是关系到人类可持续发展的重大课题。

（五）食具问题

食具即提高食事行为效率的器物，包括用于食物获取、食者健康和食事秩序领域的工具。食具问题是指制造、使用食为工具的过程中遇到的疑难和矛盾。食具领域面临三个主要问题：

一是食为动力工具的污染。食为动力工具主要包括农业机械，尽管农业机械化的快速发展在一定程度上提高了农业生产的效率，但是由于目前被广泛使用的农业机械技术水平参差不齐，部分农业机械设备老旧，农业植保过度使用农药化肥等问题，形成了农业机械对环境的严重污染，导致土壤、环境和空气质量恶化，并且这种污染程度还在不断加剧。

二是食为动力工具的能耗高。工业社会生产制作的食为动力工具，普遍以提高生产效率为研制目标，在提高生产效率的同时，也带来了高能耗、高污染和高浪费。一些大型的食用机械，如拖拉机、联合收割机、运送食物的车辆等，大多是能源消耗大户。

三是食为动力工具的数字化程度不够。食为动力工具数量巨大种类繁多，但它们之中很大一部分都是工业文明的产物，和手工工具比较起来，只是效率的提高和速度的提升，并不具备人类那样聪明的"大脑"，以及自我控制、自我学习、远程操作、联网操作的能力。数字化、智能化是食为动力工具的未来。食为动力工具要想进一步发展，必须跟上时代潮流，与数字化、智能化接轨。

（六）食物获取问题

食物获取问题是指获取、加工、流转食物的过程中遇到的疑难和矛盾。

食物获取领域面临七个主要问题：一是对食物母体系统开发过度，导致许多的青山绿水变成了荒山污水，肥沃的耕地沙漠化、盐碱化；二是食物浪费现象严重，由于生产技术、生产工具、生产管理，以及食物贮运等多方面的原因，导致多环节的食物浪费；三是食物种养方面效率低，尤其是传统种植业和养殖业，技术更新换代不够，规模化程度不够，专业人才不够；四是化学合成物过度添加导致的食品安全问题，尤其在食物加工行业普遍存在为了追求色香味等感官满足的过量添加现象；五是化肥、农药、除草剂等化学合成物的过度施用导致的食物生产伪高效问题，短期看是增产了，长期看将导致土力的退化和食物品质的下降；六是传统生产技艺失传、人才断档，其中有相关机构保护不力问题，亦有宣传普及不够问题；七是在数字技术利用方面，尽管已经出现了一些无人机播种、施肥、收割等智能数字化器具，但数字化利用还远远不够。

（七）食者健康问题

食者健康问题是指吃出健康长寿过程中遇到的疑难和矛盾。

食者健康领域面临三个主要问题：一是对食者健康学缺乏整体的认知。这些整体认知包括对食物性格的认知；对吃前、吃入和吃出"吃事三阶段"的认知；对食物品质、食物种类、食物温度、食物生熟、进食数量、进食速度、吃事频率、进食时节、进食顺序、察验食出等全维度吃法的认知；对食者体征和食者体构的二元认知，对缺食病、污食病、偏食病、过食病、敏食病、厌食病的认知以及对吃审美的认知等。上述关于食者健康的概念大多是新确立的，包括认知空白、认知错位，以及已有认知但未立学名等，因此，对这些新老问题普遍缺乏整体的认知。

二是食物浪费现象严重，尤其是在中等收入和高收入国家，食物在零售和消费等环节的浪费量通常较高，占浪费总量的31%—39%，低收入地区为4%—16%。

三是在食者健康诸方面数字技术利用不够，大数据、云计算、5G等数字手段在食者体征、食物性格、吃审美等方面的应用还远远不够。

（八）食事秩序问题

食事秩序问题是指维护食事行为的条理性和连续性的过程中遇到的

疑难和矛盾。

食事秩序问题包括两个方面：一是食为矫正问题；二是食为教化问题。食为矫正问题，是指在纠正人类不当食事行为过程中出现的矛盾和疑难，包括食事经济问题、食事法律问题、食事行政问题等。食为教化问题，是指在食事行为的教育感化过程中出现的矛盾和疑难，包括食事教育问题和食俗的扬弃问题等。

食事秩序领域面临三个主要问题：

一是对食事秩序学冲突所涉及的相关问题缺乏整体治理，包括世界食事经济秩序冲突的整体治理问题，食事公约体系的整体构建问题，世界食事行政的整体治理问题。尽管各国各地区的经济发展、法律制度、行政手段、文化体系、宗教信仰、生活习俗等各不相同，但是，食事秩序的全球化性质决定了各国各地区只有携手合作，才能构建全面解决食事问题的整体机制。唯其如此，食事问题才可能得到整体治理。

二是缺乏对吃权的认知和践行。"人人需食，天天需食"，消除饥饿，保障吃权，是人生存的基本权利。如何控制世界人口爆炸式增长？如何保障吃权？这些都是亟待解决的问题。

三是数字技术应用不够，包括在食物获取、食者健康和食事秩序三个领域诸多方面的云数据、云平台的建设与利用还远远不够等。

第二节　食事问题三角

人类的大食物问题是一个烦杂庞大的体系，它涉及食物获取、利用过程中遇到的所有疑难和矛盾，因此比他事问题更复杂，更难理出头绪。这就需要我们从不同的角度，对其进行全面系统的分析，才能对其宽泛的内涵有整体认知和把握。

从客体角度来说，大食物问题可以分为食母问题、食物问题和食者问题三个部分，尽管历史阶段不同、种族文化不同，但人类的生存与社会功能都在围绕着食母、食物和食者这三个方面展开，它们是人类食事问题最基本的因素。其中食母是与人类息息相关的地球生态系统，食物是包括一切可以作用于人体健康的入口之物，食者是具有摄食能力的自然人。食母问题涉及人类生存须臾不可离开的生态系统；食物问题涉及食物的数量、质量、食为用具等；食者问题涉及人的生命质量、寿期、吃病、吃方法和食事经济、食事行政、食事教育等。人类所有的食事问题，都与这三个概念相关。

为了准确表达食母、食物和食者三者之间的关系与功能，也为了便于记忆，本书把食母问题、食物问题和食者问题组成一个三角形，命名为"食事问题三角"，如图 1-1 所示。食事问题三角汇聚了所有海量化、碎片化的食事问题。在这个结构下，可以清晰方便地细化食事问题认知，派生更多层次的问题分支。从食学理论和食事问题体系的角度来看，这个三角一经形成，就再也不会分开，它将带领我们去探索更多更深更细的食事问题空间。

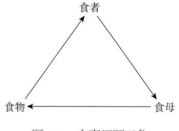

图 1-1　食事问题三角

一、食母问题

食母系统，是食事问题三角之一，它是指在维护食物母体可持续的过程中遇到的疑难和矛盾。

食母是食物母体的简称，是指为人类和一切生物提供食物的地球生态体系。食物母体的健康度决定天然食物和驯化食物的数量与质量。食母问题是指食物母体系统在人类的侵扰下出现的问题。

食母系统对于人类可持续的重要性不言而喻。当前，被破坏、污染了的生态环境已经向人类亮出了"黄牌"，如再不清醒，就将会被罚出"场"

外。人类依靠食母而生，食母问题解决不好，破坏的不仅是食母系统自身，人类也将随之出局。

食母问题象限表如表 1-1 所示。

表 1-1　食母问题象限表

象限	内容
现象	食物母体系统受损
原因	污染和破坏食母系统
危害	威胁食物产能和质量
应对	加强保护、修复食物母体

（一）现象

食母问题主要表现在两个方面，一是人类的不当食为对食物母体的破坏，二是人类的不当食为对食物母体的污染。

在食物母体保护和社会发展建设之间，人类犯了许多错误。例如，为了增加食物产量，不当地开发沼泽地、毁林开荒、围湖围海造田；又如，在现代化、城市化的开发中占据了大量土地，造成了自然生态的恶化。这些行为加剧了对食物母体系统的干扰，其结果是解决了一时的问题，却带来了长久的危害。

人类不当食为对食母系统的污染也触目惊心。随着城市规模的不断扩大，空气、水体、土壤的严重污染以及温室效应的加剧等，让我们的食物母体系统已经不堪重负，据英国《每日电讯》报道，当今全世界有 8.5 亿人生活在缺水的干旱地区，12 亿人生活在微粒超标的城市中。从 1950 年至 1985 年，全世界的森林面积减少了一半，森林生态危机正在世界各地蔓延。英国《每日电讯》报道 1988 年 11 月 15 日公布盖洛普民意测验结果：公众认为，环境污染的威胁不亚于第三次世界大战，环境问题已成为世界各国的主要政治问题和社会问题。

食物母体系统的正常运转，是人类食物持续供给的保障，也是人类种群延续的基础。食物母体系统的整体或局部失衡，将直接威胁到人类的生存。一系列触目惊心的后果给人类敲响了警钟。人类必须意识到，地球食母系统已经伤痕累累，对它的保护和修复已经刻不容缓。

（二）原因

在人类与环境关系的认知上，世界大部分国家和地区都盛行过人类中心论。人类中心论把人捧到自然系统中至高无上的位置，认为人是大自然的主人，可以支配一切，自然界只不过是一个消极承受的客体。甚至认为人类在自然面前可以为所欲为，而自然在人类面前只有逆来顺受。这种狂妄自大的观点，导致人类向大自然任意索取，任意排放污染物。

人类中心论、挑战大自然、战胜大自然这样的观点，无疑是十分错误的。正如恩格斯所说："我们不要过分陶醉于我们对自然界的胜利。对于每一次这样的胜利，自然界都报复了我们。每一次胜利，在第一步都确实取得了我们预期的结果，但是在第二步和第三步却有了完全不同的、出乎预料的影响。常常把第一个结果又取消了。"[1]

现实正是如此。由于食物母体系统受损严重，人类在不断地遭到环境的报复，今天我们正在吞食着人类盲目行为的恶果。

（三）危害

人类生存的可持续性，依赖于食物母体供给的可持续性。人类不当食为对食母系统造成的破坏与污染，造成的最大危害就是让人类面临生存挑战，影响到人类和食物的可持续。

人类在地球上生活了 500 多万年，其活动范围占据了地球陆地面积的 83%。人们在广大的土地和水域上生活和劳动，只有少量的原始土地作为野生动物的栖息地。由于人类对生态的过度开采，在 20 世纪的 100 年中，全世界共灭绝哺乳动物 23 种，大约每 4 年灭绝一种，这个速度较正常速

---

[1] 《马克思恩格斯选集》第 3 卷，人民出版社 1972 年版，第 517 页。

度高出 13—135 倍。① 以蜜蜂为例，据统计，美国的野生蜜蜂数量比 100 年前下降了 30%，欧洲下降了 10%—30%，中东地区蜜蜂种群规模则缩减 85% 以上。诸多研究及大量实证均表明，以鸟类、蛇类、昆虫、蚯蚓、线虫和蚁类等为代表的有益生物或害虫天敌种群数量正快速缩减，稻田生态系统中的水生动物、昆虫类、蛙类、蚯蚓、藻类、杂草及土壤生物等种类或数量明显减少，多样性逐渐丧失。据联合国环境计划署估计，在未来的 20—30 年之中，地球总生物多样性的 25% 将处于灭绝的危险之中。

在环境污染方面，近一个世纪以来，化石燃料的使用量几乎增加了 30 倍。全世界每年向大气中排放的 CO_2 约 210 亿吨。由于 CO_2 等引起的"温室效应"，使全球气候明显变暖，科学家预测，到下世纪中叶，地球表面平均温度将上升 1.5—4.5℃，从而导致南北极冰川部分融化。② 加上海水本身热膨胀，会使世界海平面上升 25—100 厘米，一些地势低洼的沿海城市将葬入海底。地球上的许多低海拔城市，如伦敦、纽约、上海、北京等会被全部淹没掉，数亿沿海居民将被迫迁居。地球变暖将使不少国家和地区干旱少雨，虫害增多，农业减产。

此外，全世界每年向大气中排放的 SO_2、氮氧化物等有害气体也在急剧增加。当大气中的 SO_2 与氮氧化物遇到水滴或潮湿空气即转化成硫酸与硝酸溶解在雨水中，当降雨的 pH 值低到 5.6 以下时，就会形成酸雨。美国大气保护研究中心的调查表明，美国直接受到酸雨危害的居民达 3000 万人以上，由此每年直接损失费用达 150 亿美元之多。欧洲国家被酸雨损害的森林已超过 50%。

21 世纪以来，全世界酸雨污染范围日益扩大，酸度也在不断增加。酸雨使土壤、湖泊、河流水质酸化，使水生生态恶化，危害农作物和其他

---

① Pimm, S.L.,et al.,"The Future, of Biodiversity", *Science*, Vol.269, No. 5222 (1995), pp.347-350.
② 参见刘珊珊：《认识我们身边的生物能》，延边出版社 2012 年版，第 73 页。

植物生长。仅中国每年就有近 260 多万公顷农田遭受酸雨污染，使粮食作物减产 10% 左右，其中广东、广西、四川和贵州四省区因酸雨危害，每年直接经济损失 24.5 亿元，间接生态效益损失更大。

伴随着工业化生产对效率的无限追求，水质污染、大气污染愈演愈烈。据统计，全世界每年有 300 多万人死于环境污染造成的癌症。到 2075 年，全世界将有 1.54 亿人患皮肤癌，1800 万人患白内障，农作物减产 7.5%，水产品减产 25%。① 当前，全世界由于环境问题造成的难民有 1300 万人，接近由于政治动荡和战争造成的政治难民的人数。

（四）应对

日益恶化的生态环境，越来越受到各国的普遍关注。更多的人开始认识到，人类应当不断更新自己的观念，随时调整自己的行为，以实现人与环境的和谐共处。保护环境也就是保护人类生存的基础。1972 年，联合国召开的人类环境会议，提出了"只有一个地球"的口号，提醒人们保护自己的环境。大会发表的《人类环境宣言》宣告："保护和改善人类环境已经成为人类一个紧迫的目标。""为了在自然界里取得自由，人类必须利用知识在同自然合作的情况下建设一个良好的环境。"

食母问题是个十分复杂的问题。从成因上看，分为自然干扰和人为干扰；从来源上看，分为内源干扰和外源干扰；从性质上看，分为破坏性干扰和增益性干扰；从形成机制上看，分为物理干扰、化学干扰和生物干扰；从传播特征上看，分为局部干扰和跨边界干扰。面对如此复杂的问题，任何单打独斗的应对措施都远远不够，必须在调整人与自然关系的前提下，整体认知，整体解决，整体治理，方能完全彻底地解决大食物问题。

食母问题主要包括破坏食母问题和污染食母问题。

---

① 据 1986 年美国环保局对臭氧层耗减量与地表紫外线增加量的定量关系预测，见 http://www.cnkepu.cn/vmuseum/earth/weather/human/man008_02.html。

1. 破坏食母问题

破坏食母问题是指使食物母体受到损害的疑难和矛盾。食物母体遭到破坏的现象表现在两个方面：一是人类的不当食为；二是自然原因。它们都对食母系统造成了严重破坏。

人类的不当食为破坏食母系统，主要表现在过度采捕、过度种养、不当毁林、不当造田、不当毁田等方面。人类的这些不当食为，对食母的草地系统、湿地系统、林地系统、湖泊系统、河流系统、海洋系统等造成了伤害。

人类不正确的发展观，是食物母体系统遭到人为破坏的主要原因。伴随着人类科技的发展进步和自身能力的不断提升，人类对自身和自然关系的认知发生了变化，从"匍匐在自然脚下"，变成了对峙，又发展为对自然的进攻。这种错误的认知把食母系统当成了对手，而不是和谐共存、一损俱损、一荣俱荣的恩人和伙伴。在这种不当认知的带领下，人类不当的食事行为愈演愈烈，导致了食物母体系统不断被破坏。

食母系统被破坏后，受损的不仅是食母系统自身，更是人类本身。如二氧化碳过度排放等原因引起的"温室效应"，使得全球气候明显变暖，导致海平面上升，近海农田被淹没，粮食减产，数亿沿海居民流离失所；污水排放导致饮用水危机等。食物母体生态环境一旦遭到破坏，需要几倍的时间乃至几代人的努力才能恢复，甚至永远不能修复。

2. 污染食母问题

污染食母问题是指有害物质混入食物母体而造成危害的疑难和矛盾。食母系统的污染会给人类生存环境造成直接的破坏和影响。当前在全球范围内都不同程度地出现了环境污染问题，具有全球影响的方面有大气环境污染、海洋污染、城市环境问题等。尤其是污染耕地、污染水体和污染大气等，与人类的生存息息相关。

污染食母系统的源头主要来自以下几方面：一是工厂排出的废烟、废气、废水、废渣和噪声；二是人类生活中排出的废烟、废气、噪声、脏水、垃圾；三是交通工具（所有的燃油车辆、轮船、飞机等）排出的废气和噪声；四是大量施用化肥、杀虫剂、除草剂等化学物质的农田灌溉后流出的水；五是矿山废水、废渣；六是工业化生产形成的机器噪声、电磁辐射、二氧化碳污染。

论及污染原因，一是环境治理市场化发育程度太低，治污与经济运行未形成良性互动的市场机制。先污染，后治理，这在发展中国家表现得更加明显。二是环保制度不健全，环保法律法规严肃性不强。环境保护法规不健全、操作性不强的问题没有得到根本改变，法规制定和修订的进程缓慢。三是以 GDP 为中心，片面追求 GDP 的增长，违法违规审批、建立污染环境、破坏生态的建设项目，造成一些地区的生态环境边治理、边破坏，治理赶不上破坏，导致环境质量恶化，牺牲了民众健康和生态安全。环境污染会加剧环境破坏，降低食母产能，给人类的生产生活带来重大麻烦。

二、食物问题

食物问题是食事问题三角中的一角。食物问题是指保障食物数量、质量过程中遇到的疑难和矛盾。

食物是指维持人类生存与健康的入口之物，包括所有以维持人类生存与肌体健康为目的的吃入口中的物质。我们日常生活中的食物概念，其外延比较窄，不包括茶、酒，甚至不包括水。从社会学的角度来看，食物的概念可以划分为狭义、中义和广义。

狭义的概念是近代产生的，专指能够直接入口的食品，不包括饮品。中义的概念包括所有的食材和饮品，不包括本草食物（口服中药）和合成食物（口服西药等）。广义的概念包括所有入口之物。本章所指的食物是广义概念的食物。食物问题是指在食物获取过程中出现的矛盾和疑难，包括食物数量问题、食物质量问题、食为用具问题。

食物问题象限表如表 1-2 所示。

表 1-2 食物问题象限表

类别	内容
现象	供给不可持续
原因	不当食为、人口暴增
危害	威胁人类生存
应对	矫正不当食事行为、控制人口

（一）现象

当今人类的食物面临三个方面的问题：一是食物产量尚有不足；二是食物质量尚有欠缺；三是工业化的食物生产模式给食物带来不可持续问题。

由于大气层中二氧化碳含量急剧升高，使地球气温升高，气候条件恶化，导致食物生产条件恶化、食物产量下降、食物储备下降、世界食物生产地区不均。发达国家人口占世界 1/4，生产粮食占世界 1/2。发展中国家人口占世界 3/4，生产粮食占世界 1/2，因此人均产粮少、消费少。[①]由于发展中国家人口增长过快，许多国家缺粮问题日益严重。更为严峻的是，在粮价上涨的同时，世界粮食储备正在减少，粮食安全问题日益凸显。据联合国粮农组织估计，目前全球粮食储备已降至 1980 年以来的最低水平。2020 年，由于新冠疫情的冲击，全球 77 亿人口，有 25 亿人会面临饥饿。[②]在粮食自给率方面，即使是富裕的韩国、日本，粮食自给率长期不足 40%。贫瘠的非洲大陆，整体粮食自给率只有 60%。世界上大多数国家，都要花钱买进口粮食，以填饱人民的肚子。可 2020 年疫情的蔓延，

[①] 参见齐建华、莫里斯·包和帝主编：《世界粮食安全与地缘政治》，中央编译出版社 2012 年版，第 32 页。

[②] 联合国粮食及农业组织等：《2020 年世界粮食安全和营养状况报告》，见 https://www.fao.org/3/ca9692en/CA9692EN.pdf。

一方面让粮食大幅减产，出口国开始限制出口，粮价上涨；另一方面又让生产秩序中断，进口国财政缩水，无力支付。于是，供不上、买不起，粮食缺口根本无法弥补。

在食物质量方面也不乐观。化肥和化学合成农药大规模进入食物种植领域，在有效提升食物数量的同时，也带来了一系列的食物质量问题。在食物养殖领域，激素和兽药的超量使用，对缩短动物生长周期的过度追求，对食物质量造成了很大的伤害。工业化食物驯化带来的一大弊病，就是生产方式的不可持续。对食物生产效率的过度追求，对食物生产环境的过度开发，食物加工环节的污染物排放，以及人类食事对生物链的破坏等，造成了食母系统失衡，进而造成了食母系统、食物和人类种群的不可持续。

（二）原因

造成食物数量短缺和食物质量下降的原因，表面看是食物生产手段的不当，实际上是人口原因，是爆炸式增长的人口，带来了食物数量不足的危机；食物数量不足，又迫使人类用尽各种方法拼命提升食物生产效率，造成了食物质量下降。

在人类、食物与生态的相互关系方面，当今存在的最大问题是人口增长。相对于比较有限的食物资源，人口增长堪称爆炸式的。公元前70000年，世界人口约为100万人；此后经过6万多年的发展，至公元前8000年，才达到500万人；公元1年的人口数为2亿人；1340年增加到4.5亿人；1804年左右突破10亿人；1927年突破20亿人；1960年突破30亿人；1974年突破40亿人；1987年突破50亿人；1999年突破60亿人；联合国的数据显示，2011年10月世界人口突破70亿人；至今这一数字已经达到77.1亿人。短短200余年间，就增加了66亿人口，而与此同时，世界可耕地约14亿公顷，生产谷物26.11亿吨。人均占有可耕地和食物产量，已经接近地球自然资源的"天花板"。假如不对人口严加控制，食物的数量、质量和可持续问题，就永远无法彻底解决。

（三）危害

食物数量不足，造成了世界饥饿人口的大量存在。据统计，当今世界的饥饿人口已达 10.2 亿人，假如加上那些正在遭受维生素缺乏、营养不足和其他形式营养不良的人，遭遇粮食安全困扰的人总数约为 25 亿人，几占世界总人口的 1/3。这已经严重威胁到人类的生存。

食物质量下降，同样对人类生存造成威胁。食物质量下降，意味着同等数量的食物，却带不来同等的营养。更不要说那些被污染变质、有毒有害的食物。它们会对人体造成损害，不仅危害到人的健康，还会对人的生命带来威胁。

人人需食天天需食，充足健康的食物是个体存活的基础。对于人类来说，食物出现问题，最大的危害是群体不可持续，因食而亡。

（四）应对

对食物问题的应对，首要的是有效控制人口增长数量，这是解决问题的根本。食母系统的面积和单位产能都是有限的，人口无限制地增加，对食物的需求就会无限增加，再有几个地球也无法承担这种压力。当人类不再承担食物数量不足的重压时，就会停止那些对食物生产效率的不当追求，食物质量才可以得到保证。

此外，在对食物生产资料的保护上，在食物的公平交易公平分配上，在国际性的食物法律法规的制定上，在对食物安全的有效监督上，在对食物浪费行为的严加惩处上，在对食物生产、加工、储藏、运输、销售等环节的科技支持上，都要贯彻食事优先的理念，这样才能有效保证食物的安全，维护人类可持续的基本物质基础。

食物问题包括食物数量、食物质量和食为用具三个三级食事问题。

1. 食物数量问题

食物数量是指通过食物的生产加工，最终能够提供给人类的食物总体数量。食物数量问题是指人类在食物数量方面遇到的疑难和矛盾。

食物数量一直是人类关注的焦点之一。从早期人类的食物野获历史阶段开始，食物数量问题一直是人类要解决的首要问题。到了食物驯化历史阶段，种植业、养殖业方式的出现，在很大程度上使食物来源从不稳定趋于稳定，但是由于生产力相对低下，人口无序增长，食物数量问题一直没有得到彻底解决。

食物数量问题中最主要的问题是食物短缺问题。长期的食物短缺，是缺食病、污食病泛滥的主要原因，危及人类健康和寿期。严重的食物短缺，造成人类冲突不断，由于争夺食物引发的战争，是绝大多数的战争起因。步入工业化时代后，工业化的食物生产方式大大提升了食物数量，让人类的大多数不再受到食物数量不足的困扰。但是从人类总体来看，仍有一部分人处于缺食状态。2023 年《世界粮食安全和营养状况》^① 显示，2022 年全球约有 9.2% 的人口受饥饿影响，高于 2019 年的 7.9%。2022 年，全世界估计有 6.91 亿至 7.83 亿人面临饥饿。按中程数（约 7.35 亿）计算，2022 年全球饥饿人口较疫情暴发前的 2019 年增加 1.22 亿。

论及食物数量不足的原因，有以下四大因素：

一是气候因素。这是影响粮食生产和价格的最大不稳定因素。日益严峻的气候危机，正是粮食安全面临的最大挑战。温度上升带来的粮食减产、干旱洪涝和环境恶化带来的土地沙漠化、病虫害加剧，以及食物浪费等问题，正在影响全球的农业生产。

二是土地因素。当代城市飞速扩张，农村集镇化发展，导致种养食物的土地减少；大气和水体的污染，化肥、农药的超量使用，造成了土地质量的下降。食母系统为人类提供食物的能力下降后，食物的数量必然会

---

① 《世界粮食安全和营养状况》报告每年由联合国粮食及农业组织、国际农业发展基金、联合国儿童基金会、联合国世界粮食计划署和世界卫生组织联合编写。2023 年报告见 https://www.fao.org/3/cc6550zh/cc6550zh.pdf。

成比例减少。

三是技术因素。进入工业化社会以来，现代科技对食物数量的提高有过很大贡献，但是这些技术还不十分普及。世界粮食计划署认为，世界粮食供需不稳定、粮价波动较大，其中一个主要原因就是科技在农业生产中运用不够广泛，特别是在非洲等广大发展中国家和地区，缺乏现代农业科技设备、技术和人才，农业生产率低下，导致这些地区粮食危机频发。同时，上述科技自身也存在着不够"科学"的问题。研究证明，当代技术不可能超越科学的极限，超越客观规律，无限度地增加食物产量，缩短食物的生长期。

四是人口因素。联合国粮农组织和联合国贸发会议的专家都预计全球未来每年至少新增 5000 万人口，这需要世界粮食生产增长率必须平均每年达到 1.2% 以上，但这谈何容易！

人人需食天天需食，粮食数量与社会的和谐、政治的稳定、经济的持续发展息息相关，甚至直接威胁到人类的生存。

2. 食物质量问题

食物质量问题是指人类在食物质量方面遇到的疑难和矛盾。食物质量是指食物的品质，食物品质与人体健康、生命安全有着极为紧密的关系。良好的食物质量，能提升人的进食质量；食物质量一旦发生问题，轻者会造成人体组织、器官的损害，重者会危及人的生命。

当今食物质量状况不佳的现象比比皆是：剧毒农药、兽药的大量使用，让食物中的残存毒物危害人类肌体；添加剂的误用、滥用，成了损害人体健康的一个重要威胁；各种工业废物、废气、废水对农田水体的污染，让食物的生产环境越来越恶劣；有害微生物和各种病原体的泛滥，让污食病四处肆虐；为了商业利益的制假造假，更让消费者防不胜防。

概括起来，当今食物质量问题有如下三个特点：一是问题食品的涉及面越来越广。问题食品已从过去的粮、油、肉、禽、蛋、菜、豆制品、水产品等传统主副食品，扩展到水果、酒类、奶制品、干货、炒货等领域，呈立体式、全方位态势。二是问题食品的危害程度越来越深，已从食品外部的卫生危害走向了食品内部的安全危害。过去只让人关注食品外染的细菌，现在则是深入食品内部的农药、化肥、化学品残留。三是从被动的防护，变成了人的主动行为。当今食物造假手法越来越多样、越来越"深入"、越来越隐蔽，有物理手段也有化学手段，甚至引入了"高科技造假"，花样翻新、五花八门。

食品质量问题所造成的食品安全危害，会对人体健康和生命安全带来严重影响。

3. 食为用具问题

食为用具是指人类制造和使用的、提高食事效率的工具，包括无动力的手工工具，也包括有动力的机械工具。食为用具问题是指在制造、使用食为工具的过程中遇到的疑难和矛盾，简称食具问题。食为用具问题主要表现在以下几个方面。

一是食为动力工具的污染。食为动力工具的"大户"包括农业机械，尽管农业机械化的快速发展在一定程度上提高了农业生产的效率，但是由于目前被广泛使用的农业机械技术水平参差不齐，部分农业机械设备老旧，农业植保过度使用农药化肥等问题，形成了农业机械对环境造成污染严重，土壤、环境和空气质量的恶化，并且这种污染程度还在不断加剧。

二是食为动力工具的能耗高。工业社会生产制造的食为动力工具，普遍以提高生产效率为研制目标，在提高生产效率的同时，也带来了高能耗、高污染和高浪费。一些大型的食用机械，如拖拉机、联合收割机、运送食物的车辆等，大多是能源消耗大户。这些动力工具不仅自身能耗高，在使用时还会带来比较严重的污染，对生态环境产生了破坏。此外，由于传统的食为动力工具精细化、智能化不足，在收割、加工等环节，浪费现象也比人工作业严重。

三是食为动力工具的数字化程度不够。食为动力工具数量巨大，种类繁多，可惜的是，它们之中很大一部分，都是工业文明的产物，和手工工具比较起来，只是功效的扩大，速度的提升，并不具备人类那样聪明的"大脑"，以及自我控制、自我学习、远程操作、联网操作的能力。数字化、智能化是食为动力工具的未来。食为动力工具要想进一步发展，必须跟上时代潮流，与数字化、智能化接轨。

涉及食为传统手工工具的问题有两个：食为传统手工工具消失问题，食为传统手工工具制作食用技艺失传问题。古今中外的手工食用工具琳琅满目不胜枚举，其中有食物生产用的耒耜、犁、锄，有食物加工用的石斧、石磨。这些传统农具凝结了劳动者的智慧，对于今天的农具设计制作也有可资借鉴的地方。伴随传统食为手工工具的消失，其制作和使用技艺也失传了，作为珍贵的非物质文化遗产，就此泯没了殊为可惜。

三、食者问题

食者问题是食事问题三角中的一角。食者问题是食事问题体系中的二级问题，食事问题的子问题。食者问题是指在吃出健康长寿过程中遇到的疑难和矛盾。

食者是具有摄食能力的自然人，是指以食者体性和食者体构构成的食者肌体。食者问题是指食事行为及食者健康方面出现的矛盾和疑难。当今食者面临两个主要问题：一个是对食物和人体整体认知的欠缺，吃方法的不完整不全面，造成了健康和寿期问题；另一个是不当的食为，给食母体系和食物体系带来了困扰破坏。

食者包括食者个体，也包括食者群体。食者的关系，既包括食者个体之间的关系，也包括食者个体和食者群体的关系，还包括食者个体、群体与食母系统之间的关系。食者问题象限表如表1-3所示。

表 1-3　食者问题象限表

类别	内容
现象	寿期不充分和不当的食为
原因	认知欠缺，食事不当
危害	危害健康寿期，影响食母健康
应对	普及食学，调整食为

（一）现象

食者问题，表现在食者寿期不充分和不当食事行为两个方面。

食者寿期不充分，具体表现在食物成分认知不全面、食者肌体认知不全面、吃方法不当、吃病多发、吃事审美不全面等方面。

对人体、食物认知的偏颇，吃方法的不完整不全面，造成了食者吃病丛生，在健康、亚衡、疾病"人体生命三阶段"中，亚衡和疾病阶段太长，健康阶段过短。

不当食事行为问题，主要表现在对食物母体的破坏、食为矫正乏力、食为教化不足，以及食史借鉴不够等方面。

食为是食事行为的简称，食为问题是指人类在食物获取、食者健康、食事秩序等领域相关活动引发的问题。人类在食为方面的问题主要有两个：一是违背了食物母体的运行机制；二是违背了食物转化系统的运行机制。人类的食事行为不能任性，不能妄为，必须接受两个方面的约束：一是必须遵循食母系统客观规律的约束，以维持人类种群的可持续；二是必须遵循食化系统客观规律的约束，以维持、提高人类个体的健康寿期。如果违背了食物母体的运行机制，人类将面临灭顶之灾；如果违背了食物转化系统的运行机制，人类的生命质量将会严重下降直至提前终结。这是因为，食母系统的形成已经有 6500 万年，食化系统的形成也有 2500 万年，而人类食为的历史顶多只有 550 万年。人类的食事行为是跳不出这两个以千万年为单位的运行机制的制约的。人类的食事行为必须遵循这两个运行机制，且缺一不可。人类不能挑战这两个运行机制，只能适应它们的规律，遵循它们的机制。

（二）原因

食者饮食不当，首先是对食物、对人体的认知偏颇。对食物成分的认知，几乎是西方营养学一统天下；对人体的认知，占主导地位的也是西方的身体结构学。东方的食物性格学说、人体体态学说，并没有取得与西方学说并驾齐驱的地位。这种认知的偏颇，带来了实践的偏离，带来了吃法的不完整不全面，带来了食者的健康与寿期问题。

食者不当行为问题的原因，是没有摆正人类和食母系统的关系。食母系统是人类的"衣食父母"，不是对手和征服的对象。错把食母系统置于人类发展的对立面，是食者不当行为问题的根本原因。

（三）危害

食者就是具有摄食能力的自然人。食者问题的危害，首先就是危害了人的健康与寿期。发表在权威医学杂志《柳叶刀》上的一项调查显示，饮食问题造成全球每年1100万人早亡。日常饮食不当是人类健康的最大杀手，比吸烟还厉害。全球1/5的死亡是跟饮食不健康有关。这些危险饮食包括：吃盐过多造成全球每年300万人死亡；食用全谷类食品过少同样导致300万人死亡；吃水果过少则导致200万人死亡；坚果类、植物种子、蔬菜、富含omega-3的海产品，以及纤维等进食不足，也是造成人们早亡的主要原因。《柳叶刀》发布了195个国家和地区饮食结构造成的死亡率和疾病负担分析，结果显示，全球近20%的死亡案例是因为吃的食物不健康导致的。在不良的饮食习惯中，全球每年造成上千万人死亡的罪魁祸首并不是"高糖和高油脂"，而是高盐、低杂粮、低水果。红肉、加工肉类、反式脂肪酸这些被日常警惕的危险因素反倒排在了后面。

人类的不当食为也给食母系统带来了极大危害。近一个世纪以来，化石燃料的使用量几乎增加了30倍。全世界每年向大气中排放的二氧化碳约 210 亿吨。这里边虽然以人类的生产性排放为主，但是个体的生活性排放也不容小觑。生活污水的排放、生活中的热污染和固体废物丢弃，都因食者个体的不当食为污染破坏了食母系统。

（四）应对

对食者问题的有效应对，首先是普及食学。食学是对食事的科学认知体系。它提出的对食物营养、性格的双元认知，对人的肌体体构、体性的双元认知，完整全面的"3-372"吃方法，对吃病的认知，对吃养、吃调、吃疗的认知，以及食物是必需的奢侈品、食在医前等观点，对维护食者健康、延长食者寿期具有十分重要的意义。

食者问题包括两个三级食事问题：食者寿期问题、食者行为问题。在应对食者食为问题方面，食学也提出了一整套解决方案。普及食学，可以有效应对食物母体的破坏、食为制约乏力、食为教化不足、食史借鉴不够等方方面面的食者问题。

1. 食者寿期问题

寿期是指人的生命长度。食者寿期问题是指吃出健康长寿过程中遇到的疑难和矛盾。

人类寿命的长短受多种因素影响。先天禀赋的强弱、后天的培养、居住状况、经济状况、医疗卫生条件等，都会对人类的寿命产生影响。其中，食事行为是个体可控但往往最容易被忽视的、能够对寿期产生重大影响的因素。世界卫生组织的研究结果对各项影响健康因素的重要性做了提示：个人的健康和寿命有 60% 取决于自己，15% 取决于遗传，10% 取决于社会因素，8% 取决于医疗条件，7% 取决于气候的影响。这充分说明，个体的健康和寿期主要取决于个体生活方式，而个体的生活方式，在很大程度上是对食物和吃方法的选择。

吃事与人类的健康和寿期息息相关。对于人类个体来说，能吃到的食物数量、食物质量以及是否掌握了科学全面的吃方法，又决定了每个个体的健康与寿期。根据联合国在《2019 年世界经济形势与前景》中，对高收入国家、中等偏高收入国家、中等偏低收入国家和低收入国家的划分名单，我们可以发现，28 个平均寿命超过 80 岁的国家均属于高收入国家。较高的经济收入为人们获取新鲜、营养丰富的膳食提供了经济保障，也可能对提高食物利用率、延长个人寿期起到了积极作用。而在人均预期寿命不足 60 岁的 13 个国家中，除去排在第 171 位的赤道几内亚以外，其他 12 个国家都居《2019 年世界经济形势与前景》中的中等偏低收入和低收入国家之列，而且它们全部位于被称为"饥饿大陆"的非洲地区。非洲是世界饥饿人口比例最高的大洲。由此可见，食物和吃方法对于人类的健康长寿，的确是个最重要的影响因素。

从食物和吃法着手，才能牢牢抓住健康的主动权，才能真正从以治疗为主转移到预防为主，才能把人类的健康寿命水平提高到新阶段。

2. 食者行为问题

食者行为是指食者与食相关的所有行为，包括食物获取、食者健康和食事秩序的相关活动。食者行为问题是指矫正不当食事行为过程中遇到的疑难和矛盾，简称食为问题。

食为是文明的源头，是伴随着人类的生存劳动而产生的。人类食事行为的演进与丰富，推动了人类文明的进化与发展。食为，不仅指餐桌上的进食行为，也是指人类所有的食事行为。食为包括采摘、狩猎、捕捞、种植、养殖、运输、贮藏、烹饪、发酵、采购、销售，包括吃食物和鉴赏食物，还包括与食事相关的经济、行政、法律、教育等行为。

食者行为问题包括三个方面：食为矫正乏力问题、食为教化不足问题、食史借鉴不够问题。食者行为问题出现的原因主要有两个：一是违背了食物母体的运行机制；二是违背了食物转化系统的运行机制。

人类对食为系统的整体认知还非常有限，尤其是当代，许多不当食为需要矫正，还有许多食为问题需要面对。

第三节　大食物问题的三大特性

特性是指同类事物所共有的属性和特质，是物体各个方面的内外表现形式，也是区别他类事物的依据之一。大食物问题具有长期性、复杂性、顽固性，这是大食物问题最显著的三个特性。

一、大食物问题的长期性

大食物问题是个时间过程漫长的问题，这体现了大食物问题的长期性。

从人类诞生开始到 21 世纪的今天，大食物问题就与人类如影随形，一刻也不曾离开。从人类的"童年时代"起，食物数量不足问题就一直困扰着人类。从对早期人类生存遗迹的考察中发现，这里不仅有兽骨的遗迹，还有人吃人留下的人骨遗迹。人类有了文字后，荒年大灾易子而食的记录不绝于世。2020 年，据联合国五大机构共同编写的《世界粮食安全和营养状况》[1] 估计，2019 年近 6.9 亿人遭受饥饿，与 2018 年相比增加 1000 万人，与 5 年前相比增加近 6000 万人。据报告预测，到 2020 年底，新冠疫情可使全球范围内新增长期饥饿人数超过 1.3 亿人。该报告指出，世界消除饥饿、粮食不安全和一切形式的营养不良的进展仍然滞后，无法保证到 2030 年能够实现这一目标。

以上只是一个食物数量问题，和食物数量一样长期存在的还有许多其他食事问题。大食物问题的长期性可见一斑。

二、大食物问题的复杂性

人类的食事行为涉及人数多、覆盖面广、影响范围大，因此比他事

---

[1]　联合国粮食及农业组织等：《2020 年世界粮食安全和营养状况报告》，见 https://www.fao.org/3/ca9692en/CA9692EN.pdf。

问题更复杂，更难理出头绪。这体现了大食物问题的复杂性。

大食物问题的错综复杂往往表现在矛盾的一因多果、一果多因上。例如，一个饥饿问题就涉及方方面面的问题：食物数量不足问题、食物质量鱼龙混杂问题、食物化学添加剂问题、食物母体系统污染问题、耕地地力不足问题、世界食物供应失衡问题、食为浪费问题，甚至包括食事数控技术应用不够问题等，都直接或间接地影响到饥饿问题。

大食物问题的复杂性还表现在各个国家和地区政体的多头管理上，并由此出现了"铁路警察各管一段"的真空地带。当今一些国家的食政管理，是在传统"农政"体系上的延伸与扩展，总体上是职能交叉、权力分散、效率不高。以中国为例，当今中国的粮食安全和食品安全由农业、卫生、质监、工商、食药等多部门负责，进出口由检验检疫部门监管，发改委和商务、工信等部门也有相关职能，可谓"九龙治食"。管理缺少整体性、系统性和协调性，预警水平不高，各个部门之间职能有交叉、有重复，也有空白。这种部门分散、权力分散、监管分散的状态，造成了食政乏力、缺位、低效，已经不能适应国家治理现代化的需要。同时，这种分散、分段的食政管理，还造成了高效生产、低效利用、社会整体效益降低的弊病。

要想彻底解决大食物问题，就要充分认识大食物问题的复杂性，逐条择清，逐件梳理。

三、大食物问题的顽固性

大食物问题不仅长期存在，而且难以治理，难以彻底消除。这体现了大食物问题的顽固性。

大食物问题的顽固性如同牛皮癣一样久治不愈，难以根治。例如食为陋俗中的食物浪费、追求奢侈和猎奇，几千年前的古籍上就有贬斥它们的文字，民间也不时响起讨伐它们的呼声。然而贬斥讨伐了几千年，时至今日，它们仍然具有很强的民间基础，反对的势头一弱，它们就会跳将出来，表现一番。

针对大食物问题的顽固性，我们必须做好打持久战的准备。

第四节　大食物问题的根源与危害

论及人类大食物问题的治理，就不能不找到大食物问题的根源，弄清它的危害。俗话说，追根寻源。对于大食物问题，只有找到它的根源，才能刨根问底，制定准确治理的蓝图，拟定正确解决的方式方法。同样，只有认清大食物问题的种种危害，才能正视它，重视它，警醒于它，对它进行彻底的治理。

一、大食物问题的根源

解决人类大食物问题，就像清理一株有毒的树木，只清理它的枝叶，在枝枝杈杈上动手脚，是无法把它彻底铲除的。只有寻找到它的树根，斩断树根，才能把它彻底根除。树犹如此，人类的大食物问题也不例外。

人类所有的大食物问题，均来自自身的食为失当。从本质上看，食为的失当来自食知的片面性。理论上的"盲人摸象"带来了实践上的"铁路警察各管一段"，从而带来了种种食问题。也可以这样说，食事认知的非整体性，是当今人类大食物问题的温床，如图1-2所示。

图1-2　大食物问题根源

食学是食为的主观认知，食为是食学的认知客体，两者之间相互作用，相互规定。换句话说，食为是食学的研究对象，食学的所有讨论都是围绕着食为这个认知客体而展开的。人类只有整体认知食为系统的运动轨迹，主动调节食为系统的发展方向，才能把握住自己的命运。食为系统因为食学的作用而产生变化，世界会因此系统的积极变化而变得更加美好。

大食物问题既是每一个个体的健康寿期问题，又是一个综合性的社会问题，更是一个种群延续的生存问题。要想彻底解决人类当今的大食物问题，仅依靠农学、食品科学、医学，是不能得到全面、彻底解决的。食学科学体系的确立，为我们提供了一条全面、彻底解决人类大食物问题的大道。它不仅是一个全新的科学体系，更是一个全新的实践体系。

二、大食物问题的危害

对于人类来说，大食物问题是一种生存性问题、常态性问题、长久性问题、广泛性问题、根本性问题，大食物问题对人类造成的危害，也是一种生存性危害、常态性危害、长久性危害、广泛性危害、根本性危害。

大食物问题会给人类带来生存性的危害。人类社会是一个充满矛盾的社会，从它诞生的那天起，就面临着大大小小各式各样的问题，如食事问题、屋事问题、医事问题、衣事问题、行事问题、信事问题、乐事问题、战事问题等。其中，有的与人类生存相关，是人类生存性的问题。有的与生存无关或关系不大，属于生活性的问题。其中，大食物问题与人类的生存相关，解决得不好，人类将陷入灭亡的危机。即使与其他和人类生存相关的他事相比，食事与人类生存的关联度也更为紧密。人类无医，寿命会缩短；无衣无房，也可以到热带的山洞里度日；但如果没有食物，那人类在短期内就会走向消亡。

大食物问题对人类造成的伤害，也是一种常态性的伤害。人是有机的生命体，天天需食，大食物问题一天不解决，人类就要不断受到它的困扰。生理医学证明，对于一般人来说，在没有水分补给的情况下，只能存活4天。假如只是不吃饭，则能够活得长一些，那也只有区区7天。正因为食物对人如此重要，所以在人类的历史上，产生了无数次因食而起的矛盾，发生了无数次因食而起的战争。在一次次的食物灾荒中，人们扒树皮、吃草根、吃土，把原本不是食物的食物当成食物，甚至把同类当成食物，易子而食，以尸为食，酿成了一出出人生惨剧。民以食为天，食物对于人类来说是一种必需的常态需求，大食物问题对人类的常态性伤害，触目惊心。

大食物问题对人类造成的伤害，同样也具有长久性。查阅历史，对食灾的记录比比皆是。据记载，仅中国清朝300余年间发生的特大型水旱灾害，就高达年均19.85个，几乎是"无年不灾"。联合国开发计划署提供的资料显示，据灾害流行病学研究中心（CRED）的研究报告，1901年到1910年，世界范围有记录的自然灾害次数为82次；而2003年到2012年，自然灾害记录已达到4000多次。在漫长的历史阶段，大食物问题的外在表现形式虽然有别，例如在农业社会的大部分时间，食物数量短缺问题是主要的大食物问题，其主要危害是缺食病、污食病泛滥；到了工业社会，食物质量和吃方法又成了主要的食事问题，造成了化学添加剂污染的食物和过食病大量存在。但是从本质上说，在人类社会的各个时代，大食物问题不仅一直存在，而且一直是人类要面对的主要问题。大食物问题对人类造成了长久性的危害。

大食物问题对人类的危害是一种广泛性的危害。人人需食，食物与每一个地球人相关，从这一角度来看，大食物问题造成的危害也最为广泛。仅以食病为例，在当今世界77.1亿人口中，过食病患者比例高达22%，还有11%的人口患有缺食病，一个食病，就将40亿的地球人牵连在内，这是一个多么令人感到恐怖的数字。这里所说的仅仅是一个食病问题，人类所面临的大食物问题多如牛毛，绝不仅仅是一个食病这么简单。大食物问题危害的广泛性，还表现在它的危害范围上。它是一种"广谱"的危害，其危害范围遍及食母系统、食物体系和食者自身。对食母系统的危害，突出表现在对食母系统的污染、破坏，对地球生态可持续的危害等。食物体系的危害，主要表现在影响食物质量、食物数量、食物的可持续等。食者的危害，主要表现在吃病丛生，影响人的健康和长寿等。

食事是人类诸事中的根本之事。大食物问题造成的危害，也是一种根本性的伤害。古代哲人早已认识到大食物问题的根本性。成书于中国战国时期的法家经典著作《韩非子·解老》中指出："上不属天，而下不著地，以肠胃为根本，不食则不能活。"有些事物，从表面看与食事无关，但是追根寻源，其实就是从食事而来。例如战争，表面上是对土地、人口等的掠夺，实际上是对食物资源的掠夺，对食物生产力的掠夺。既然对于人类来说，大食物问题的危害是一种根本性的伤害，人类就必须追根溯源，找到它的根本，继而对症下药，对大食物问题给予根本性的解决。

第二章　大食物问题认知

大食物问题认知是人类对食物和自身食事行为中存在的错误和矛盾的认知。食事认知是指人类对食事客体的主观反应，没有食事认知就没有大食物问题的解决。人类对食事的认知程度，决定着大食物问题的解决能力和解决程度。从这个角度来看，大食物问题认知是解决大食物问题的前提和理论工具。

大食物问题的全面解决，有待对大食物问题的全面认知。认知一个大食物问题，就能解决一个大食物问题；认知一部分大食物问题，就能解决一部分大食物问题；认知一时的大食物问题，就能解决一时的大食物问题；全面地认知大食物问题，就能全面地解决大食物问题；彻底地认知大食物问题，就能彻底地解决大食物问题。大食物问题的彻底认知和彻底解决，将是人类文明进程中的一个伟大的里程碑。

第一节　大食物问题的认知现状

食事认知是人类智慧的滥觞，是人类文明的积淀。数百万年来，食事认知凭借口传心授、文献记录两个传承途径，从远古走来，集纳成一个信息庞大的认知体系。

人类对食事的认知，是人类认识自然、利用自然的一份宝贵财富，是推动文明进化的重要力量。但是迄今为止，人类对大食物问题的认知仍零散杂乱。当今人类对大食物问题的认知呈现出海量化、割据化、碎片化等三大特征，这三大特征形成了大食物问题的认知误区和认知盲区。

对食事的整体认知，是解决大食物问题的前提。人类自称地球上的灵长，但是至今没有彻底解决大食物问题，究其根本原因，就是缺少全面、整体的食事认知。大食物问题不是碎片化、割据化思维能解决的问题。例如食者健康问题，不仅与食物数量问题相关，还与食物质量问题、吃事方法问题、吃病吃疗问题、吃权问题等相关。此外，社会冲突如战争，生态冲突如食灾，都可以对食者健康产生影响。所以说，大食物问题是人类社会诸多问题的根问题。

一、大食物问题认知的海量化

大食物问题如同汗牛充栋，数量极大，这造成了大食物问题认知的海量化状态。

人类自步入文明社会以来，对食事的认知活动从来没有停止过。世界上 200 多个国家和地区，有 77.1 亿人口，1800 多个民族，5000 多种语言，与食事和食事问题相关的语言、经验、文字、文章、书籍、图画、照片、音频、视频等，灿若繁星。加上夹杂在其他语言、文字、学科中的有关食事的记录，更是浩如烟海。可以这样说，没有任何一项事物的认知，能够超过食事认知的体量。

二、大食物问题认知的割据化

目前，人们认知大食物问题存在多个体系，这造成了大食物问题认知的割据化状态。

一直以来，人们可以通过多个认知体系来认知大食物问题。特别是在现代科学体系中，食事认知体系一直处于非整体化状态。如现代科学体系分别设立了农学、食品科学、营养学等学科，这些学科相互之间没有直接关系，或者说它们并不同属于一个上位学科，如食品科学的上位是工程学，营养学的上位是医学。

在这种割裂的认知状态下，食者个体不能认清客观食事的整体，就如同寓言中的"盲人摸象"，各执一词。人类对大食物问题的割裂认知不利于全面、整体地看待大食物问题，更不利于人类全面彻底解决人类的食问题。

三、大食物问题认知的碎片化

人类对大食物问题的认知细碎且散乱，这造成了大食物问题认知的碎片化状态。

现代科学体系已经囊括了农学、食品科学、营养学等一部分食事认知，但其余多数食事认知大多以碎片化的状态存在。它们穿插在各种学科之中，让人难寻其形、难辨其类、难觅其踪。这一点，从当今的图书馆目录中就可见一斑。人类与食事相关的书籍林林总总，但没有形成一个食学整体体系，没有一个独立的食学类目。除部分食材在农业类目之下，部分食物加工在工业类目之下，食物营养在医学类目之下，其他与食物、食为相关的书籍则散落在各类目之中，支离碎散，不成一体。

四、大食物问题认知的盲区和误区

尽管人类对食事的认知有着悠久的历史，尽管当代科学突飞猛进，但我们对食事的认知依然存在许多空白区域，这就是大食物问题的认知盲区。这是因为人们对大食物问题认知的维度单一和深度不够，许多未知领域尚有待开疆拓土。同时由于割据化的食事认知占据统治地位，迟迟没有形成一个整体认知体系，导致许多领域的交叉地带存在视角盲点，使得我们在一些食事领域如食物成分领域，人类对食物性格形成原理的探讨，对食物元素中无养素、未知素的寻找等的认知还是空白。

在地域、社会、经济、文化等多种因素的影响下，某地域、某种族群、某事项的食事认知的局限性长期存在，人们往往过度强调某一视角、某一维度的认知与实践带来的效应，使片面性的认知占了上风，妨碍了人们站在整体的角度、全局的高度看待食事，出现了许许多多的认知误区。这就是大食物问题的认知误区。例如，认为人的健康问题是单纯的医事不是食事；认为食业的萎缩与服务业的上位，是一种值得欢呼的社会进步；等等。大食物问题认知误区具有很强的影响力和行为惯性，具有浓厚的地域、宗教、文化特征。这些因素影响着我们的思维与行为，是我们正确认知大食物问题的一大障碍。

五、大食物问题认知的人类共识

作为食事认知的研究成果，《食事认知的人类共识》最早发表于 2018 年 11 月出版的《食学》① 一书中。2019 年 6 月，二十国集团领导人第十四次峰会在日本大阪召开，在峰会的唯一指定后援活动第三届世界食学论坛上，来自二十国集团的食事专家一致通过了《淡路岛宣言》。该宣言对《食事认知的人类共识》给予了载录，对食学体系给予了高度评价："食学科学体系是解决人类食事问题的公共产品。食学科学体系，跳出了现代学科体系认知的局限，首次将食物获取、食者健康、食事秩序纳为一个整体。食学学科体系是人类认识食事问题、解决食事问题的一把金钥匙。"

以下是《食事认知的人类共识》全文：

纵观人类的起源史和文明的发展史，有一个非常重要的问题需要我们回答，即在食事上人类是否有共识？如果有，这些共识是什么？对此，我的回答是，在食事上，人类有五大共识。一是"人人需食"，二是"天天需食"，三是"食皆同源"，四是"食皆求寿"，五是"食皆求嗣"。

---

① 刘广伟：《食学》，线装书局 2018 年版。

人人需食，是指空间上的每一个人生存之必需；天天需食，是指时间上的每一个人生存之必需；食皆同源，是指人类共有一个食母系统；食皆求寿，是指在食物目的上，每一个人都追求健康长寿；食皆求嗣，是指在食物来源上，每一个人都希望食物供给的持续保障，希望代代延续。

确定人类食事认知共识的价值是什么？发现了人类食事认知的共识，就可以凝聚人类在食事上的"共力"，并以此"共力"去矫正不当食事行为，去解决人类的大食物问题。这是 77.1 亿人所形成的食事共识，这 20 个字的五大共识是一股巨大的能量，是解决人类大食物问题和难题的原动力，也是践行食学的主动力。

第二节　大食物问题认知的 10 个维度

人们面对大食物问题，要想对其作出全面、准确的判断，就必须从不同的维度给予多方面的观察，形成全面、准确的认知。人们认知大食物问题的维度共有十个，分别是时间维度、形态维度、性状维度、呈现维度、对象维度、空间维度、因果维度、距离维度、损益维度、供需维度。

一、时间维度：老问题和新问题

依据时间分类，以第一次工业革命为节点，可以将人类的大食物问题分为两个阶段。第一个阶段的大食物问题属于"食事老问题"；第二个阶段的大食物问题属于"食事新问题"。这样的区分，有利于我们看清食事问题的复杂性，看清解决大食物问题的艰巨性，如图 2-1 所示。

所谓老问题，是指那些一直伴随人类，至今没有解决的问题。例如食物数量方面的缺食（饥饿）问题，从早期人类算起，已有数百万年了，但是今天依然有 11% 的人口处于生理饥饿状态，缺食带来的种种疾病威胁着他们的健康与寿命。又如食者寿命也是老问题，从生理的角度来看，

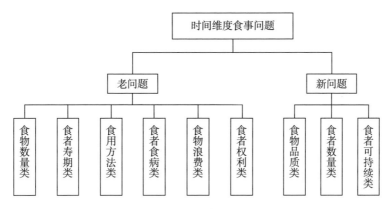

图 2-1 时间维度食事问题体系

人类还没有活到哺乳动物应有的寿期。

所谓新问题，是指 18 世纪 70 年代以来新发生的大食物问题。例如食物的质量问题日益突出。进入工业化社会以来，追求食物生产的超高效率，各种食物生产环节的化学添加物的出现，严重威胁到食物的质量。又如食者数量的暴增，环境的污染，给食母系统带来的巨大压力。特别是人口数量暴增问题，已经是今天我们必须面对的问题，食物母体的产能是有限的，食物供给的是否可持续，直接威胁到种群的是否可持续。

面对人类食事的老问题，我们应该深刻反思：为什么这些老问题伴随我们数百万年依然没有彻底解决？为何现代科技可以知宇宙、识量子，却依旧没有能力解决这些生存的基本问题？这恐怕不仅是因为这些老问题自身具有的艰巨性，更重要的是我们对待这些问题的认识是否正确。认识一旦走进误区，就会导致我们把更多的智力与财力投向非生存必需甚至威胁生存行业，投向其他领域。正因如此，人类老的大食物问题还没有彻底解决，诸多新的大食物问题又浮出水面，层出不穷，乱象丛生。如此尴尬的局面，正在拷问着人类的智慧与文明。

大食物问题从时间维度上还有一个划分方法，即依据食学的社会划分，人类社会可以划分为缺食社会、足食社会、优食社会三个阶段。缺食社会、足食社会、优食社会三个历史阶段，是从食事角度对人类社会的一种划分。前两个食事社会是按照食物数量这一维度来划分的；后一个食事社会是由食物数量、食物质量、吃事方法三个维度来界定的。在不同的食事社会阶段中，缺食、足食、优食三个群体所占比例不同，其大概的比例划分为：在全体社会成员群体中，缺食群占70%以上的为缺食社会；足食群占70%以上的为足食社会；优食群占70%以上的为优食社会，如图2-2至图2-4所示。

图2-2　缺食社会　　　图2-3　足食社会　　　图2-4　优食社会

由于经济发展水平的差异，缺食社会、足食社会、优食社会这三个食事社会阶段彼此之间具有一定的交叉和重叠。从食事社会的整体进程来看，缺食社会和足食社会的交汇点是始于18世纪中叶的第一次工业革命，动力工具的应用和化学合成物的施用，使得食物产量得到大幅增长，多数人就此告别缺食，得以饱食。而优食社会具有的三大食事特征，即食物数量充足、食物质量优异、吃法先进，从当今情况来看，后两者还未实现。也就是说，优食社会还没有到来，如图2-5所示。

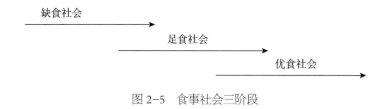

图2-5　食事社会三阶段

不同的社会阶段，都会面对形形色色的食问题。食物可持续、食用方法、食物浪费、食者寿期、食者食病问题，是前两个社会阶段都会面临的大食物问题，但是具体内容有别。例如缺食社会的"食者食病"多数是缺食病；足食社会的"食者食病"，则多数是过食病。在缺食社会，首当其冲的食问题是食物数量问题；在足食社会，食物数量是充足的，但食物品质得不到保障，食物品质因而成了一个大问题。上述食事问题均得到有效解决，即是优食社会，如表 2-1 所示。

表 2-1　食事社会的食事问题分布

	食物数量	食物品质	食物可持续	食用方法	食物浪费	食者食病	食者数量	食者寿期	食者权利
缺食社会	***	*		***		***		***	**
足食社会		***	***	**	***	***	***	**	*
优食社会	☺	☺	☺	☺	☺	☺	☺	☺	☺

注：*** 表示问题严重，** 表示问题较重，* 表示有问题，☺表示问题得到解决。

二、形态维度：局部问题和整体问题

从形态维度划分，食事问题还可以分为局部问题和整体问题。局部问题是指地区性的问题，整体问题是指全球性的问题。

局部问题与整体问题又称局部问题与全局问题。其中部分问题又包括已被认知的、未被认知的和错位认知的三种情况。食学科学体系建立前，人们对食事的认知是割裂的、分散的，因此只擅长应对局部问题中的已被认知的问题；未被认知的问题属于认知空白，所以没有应对方案；错位认知的问题虽有认知，但方向偏离，应对方案效果差，甚至应对起来南辕北辙，文不对题。至于整体大食物问题，由于缺少整体认知，往往导致对整体大食物问题的束手无策，如图 2-6 所示。

食学学科体系建立后，人们不仅可以应对局部大食物问题中的未被认知问题和错位认知问题，更可以应对整体大食物问题。从局部认知到整体认知是一个升华，食学学科体系的建立，使人类有了应对所有大食物问

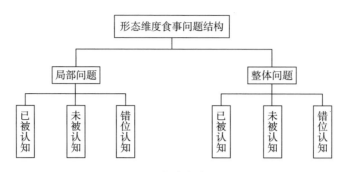

图 2-6　形态维度食事问题结构

题的理论工具。

从认知程度来看，局部问题多数属于已被认知范畴，少数属于未被认知范畴和错位认知范畴。而整体问题则相反，少数属于已被认知范畴，多数属于未被认知和错位认知范畴，需要以全球治理的眼光给予整体认知和整体应对。

从大食物问题的分布来看，食物数量、食物品质、食者权利属于局部问题，即地区性问题，例如在亚洲、非洲的一些国家，存在比较严重的食物数量不足问题，在欧美发达国家却没有这样的问题。食物浪费、食用方法、食者食病、食者寿期、食物可持续、食者数量属于整体问题，即全球、全人类都存在的问题。需要说明的是，同一个问题也可以有不同的表现形式，例如食者食病问题，在一部分人群中表现为过食病，另一部分人群中则表现为缺食病。

形态维度的大食物问题还有一个划分方法，这就是依据世界各国各地区不同的经济发展水平划分。截至 2019 年，世界上共有 233 个国家和地区，其中国家有 195 个。这些国家按经济发展水平，可分为发达国家、发展中国家和最不发达国家三类。从大食物问题的类型来看，上述三类国家虽然都存在着各种各样的食问题，但是重点有别。其中食用方法、食物浪费、食者寿期、食者食病是各国都会面对的问题，只是在程度和表现形式上有所差异。例如，同样是食物浪费问题，发达国家主要表现在食物利用领域；发展中国家主要表现在食物获取领域。在食物数量、食物品质、食者权利等问题上，三类国家各有不同，例如食物数量和食者权利，是最不发达国家面临的两个亟须解决的问题；在发达国家，这两个问题已经基本解决。值得注意的是，面对食物可持续和食者数量这两个问题，三种类型国家交出的答案都不能令人满意。这也说明这两个问题是世界性的问题，是举全球之力才能解决的大食物问题，如图 2-7 所示。

在全球、国家、族群、家庭和肌体五个认知对象中，都有局部认知与整体认知问题。

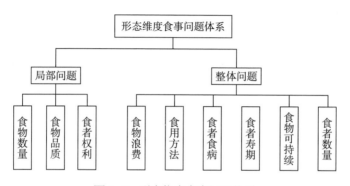

图 2-7　形态维度食事问题体系

三、性状维度：个体食事问题和群体食事问题

从人类社会性状结构维度上认知大食物问题，可以将大食物问题划分为个体食事问题和群体食事问题，如图 2-8 所示。

个体食事问题是指因个体食行为不当导致的问题，主要有食者健康

图 2-8　性状维度食事问题体系

方面的食物成分认知不全问题、食者肌体认知不全问题、吃方法不全面问题、吃审美维度不全问题、吃病普遍存在问题；个体食为方面的不当食为矫正问题、不当食为教化问题、减少食物浪费问题、摒弃非环保行为问题、控制个人生育问题；等等。

群体食事问题是指因群体食行为不当导致的问题，主要有鼓励生产消费优质食物问题、有效治理食物安全问题、遵守食物法律问题、加强食事教育体系的构建问题、普及科学全面的吃事指南问题、食事礼俗治理问题、大力减少食物浪费问题、有计划地控制人口问题等等。

对于个体食事问题而言，首要的是建立正确的个体食事认知，改变不当的个体食事行为。例如当你感到非细菌造成的身体不适时，首先要做的不是看医生，而是反思自己的食为，近期吃了什么？吃法有何不当？找出原因，修正行为。即使得了某些疾病，也可以采用食物疗法调理健康，这不仅有利于减轻病痛，还能节省大量的医疗费用。

对群体食事问题而言，首要的同样是建立正确的社会食事认知，改变不当的群体食事行为。例如当我们面对饥饿、冲突、环保等问题时，不再怨天尤人，不再舍本逐末，而是反思我们所在的不同范围、不同规模的食为系统，开展顶层设计和总体规划，增加食为总量的社会占比，提升食物的原生性质量，让每一款食物都成为正向量、正能量的优品。

个体食事问题是群体食事问题的组成基础，群体食事问题是个体食事问题的潮流导向。要完全彻底解决人类的大食物问题，个体解决和群体解决要齐抓共管，一个也不可偏废。

四、呈现维度：显性问题和隐性问题

大食物问题还可从呈现维度认知，分为显性问题和隐性问题，如图2-9所示。

所谓显性问题，是指性质或性状表现在外的大食物问题。食物数量

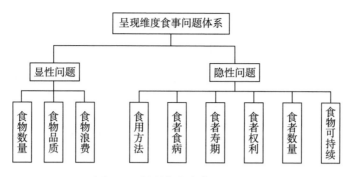

图 2-9　呈现维度食事问题体系

问题、食物品质问题和食物浪费问题，属于显性大食物问题。它们与食物直接相关，与人类的个体生存、种群延续、社会安定息息相关，所以很容易引起人们的警觉和关注。

所谓隐性问题，是指性质或性状不表现在外的大食物问题。食物可持续、食用方法、食者食病、食者寿期、食者权利、食者数量都是隐性大食物问题。由于它们与食物的关联不如显性问题明显，所以经常被错位认知，例如健康长寿被认为是医事问题，人口控制被认为是经济问题，食者权利被认为是法律问题，食物浪费被认为是道德问题，等等。

从呈现维度认知大食物问题具有重要意义。从对大食物问题的认知看，呈现维度的认知普遍存在误区。现在很多人一提大食物问题，就仅仅只想到那些食事显性问题，而忽略了食事的隐性问题，或者把食事隐性问题当成他事问题。只有认知正确，人类的大食物问题才能得以彻底解决。

五、对象维度：食物问题和食者问题

从对象维度认知大食物问题，可将其分为食物问题和食者问题。

食物问题是指在食物获取过程中出现的矛盾和疑难，包括食物数量问题、食物质量问题、食物可持续问题等。

食物数量问题，是指食物与人口需求量之间关系出现的矛盾和疑难，包括饥饿问题、食物价格过低问题、食物浪费问题。食物质量问题，是指食物与肌体健康之间关系出现的矛盾和疑难，包括食物污染问题、食物假冒伪劣问题、合成物问题。食物可持续问题，是指在保障未来食物的持续供给可能性过程中出现的矛盾与疑难，包括对食母系统的破坏问题、污染问题、食母系统产能有限问题等。

食者问题是指食者食事行为及食物利用方面出现的矛盾与疑难，当今食者面临两个主要问题：一是健康问题；二是寿期问题。不当食事行为，吃方法的不完整不全面，造成了食者吃病丛生，在健康、亚衡、疾病"人体生命三阶段"中，亚衡和疾病阶段太长，健康阶段过短。同样由于上述原因，导致人类整体平均寿期过短。以国度统计，最长的只有80多岁，远未达到人类应该达到的120岁的寿期。

食物问题和食者问题的关系是需求和被需求、服务和被服务的关系。没有食物，食者无法生存；没有好食物，会影响到食者的健康和寿期。要解决好食者问题，先要解决好食物问题，如图2-10所示。

图2-10　食物问题和食者问题关系

六、空间维度：内部问题和外部问题

大食物问题还可以从空间维度认知，分为内部问题和外部问题。观察角度不同，对内部大食物问题和外部大食物问题的定位也有差异。例如对于个体来说，个体的食事问题属于内部问题，群体的食事问题属于外部问题；对于国家来说，国家的食事问题属于内部问题，世界其他国家、其他地区的食事问题属于外部问题。

对于某一个人、某一家庭、某一国家、某一地区来说，首要的是解决好自身的食事问题。但是由于科技大发展和社会的进步，今天的世界已经越来越像一个"地球村"，你中有我我中有你。事实证明，有些食事问题，例如食母问题、食物问题，不是一个人、一个家庭、一个国家、一个地区能够单独解决得了的，必须举全人类之力，共同携手，进行全球性的治理。

当今人类社会如果缺少了全球性的眼光和全球性的治理手段、治理平台，大食物问题就无法得到全面彻底的解决。

七、因果维度：连锁问题和派生问题

大食物问题还可以从因果维度认知，分为连锁问题和派生问题。

大食物问题是个极其复杂的问题。这就决定了它很难单独存在，往往一个大食物问题发生后，会引发一系列的连锁问题和派生问题。如食事问题 A 引发食事问题 B，食事问题 B 又引发食事问题 C，同时又可以从一个主要的食事问题中，派生出一系列同级别的食事问题。如此种种，层出不穷。

当今食事连锁问题和食事派生问题不胜枚举。例如在食物种植、养殖中，化肥、农药、激素等化学合成物的不当、超量施用，造成了食物质量下降问题，由此又造成了食者健康受损问题，随之带来了食者寿期不充分等一系列连锁性的食事问题。在食事派生问题方面也如是：同样是一个化学合成物施用不当问题，却可以派生出食物质量下降、食母系统受到污染、调物合成食物欺骗大脑、调体合成食物副作用大等众多的食事派生问题。

面对食事连锁问题和食事派生问题，我们一定要顺藤摸瓜，追根溯源，搞清它的根问题所在，力求从根本上解决这些问题。

八、距离维度：近期问题和长远问题

大食物问题还可以从距离维度划分，分为近期问题和长远问题。

近期问题和长远问题从表面上来看仿佛相似，但实际上它们是两类不同指向的大食物问题。如果把近期食事问题和新的食事问题看作一个点，老的食事问题伸向历史，是历史上发生一直延伸到今天的食事问题；长远食事问题则是向未来延伸，即今天的食事问题解决不好，这样的问题将延伸到未来，给今后的人类带来无穷无尽的困扰。

化学添加物的不当施用、大型动力食用工具对环境造成的污染、大规模的毁林毁草开荒、追求食物获取的超高效，都属于进入工业化社会以后发生的近期问题。解决得当，它们会在当今人类手下消除；假如解决不好，它们也会转化成肆虐今后的长远问题。

九、损益维度：食母问题和食具问题

大食物问题还可以从损益维度划分，分为食母问题和食具问题。

食母问题是指食物母体系统在人类的侵扰下出现的问题，主要表现在两个方面：一是食物母体被破坏，二是人类对食母系统修复乏力。面对人类无休止的干扰，城市规模的不断扩大，空气、水体、土壤的严重污染以及温室效应的加剧等，我们的食物母体系统已经不堪重负。特别是百亿人口时代的即将来临，食物需求将挑战食物产能的极限。食物母体系统的正常运转，是人类食物持续供给的保障，也是人类种群延续的基础。食物母体系统的整体或局部失衡，将直接威胁到人类的生存。一切对无机系统的污染行为和对有机系统的干扰行为，都无异于人类自断食源、自掘坟墓。

食具问题是指食具研发、生产和使用过程中出现的矛盾和疑难。食具领域面临三个主要问题：一是食为动力工具的污染；二是食为动力工具的能耗高；三是食为动力工具的数字化程度不够。

食母问题和食具问题是一种损益关系。在生存和发展的历程中，人类学会了制造工具和使用工具，食用工具极大地提升了人类的劳动效率。

对于食母系统来说，食具是把"双刃剑"，运用不当，可以极大地破坏和污染食母系统；运用得当，可以使食母系统得到更好更快的保护和修复。当今的问题是，大型的动力机器进入食物驯化领域后，给食母系统带来的破坏和污染，要远远多于对食母系统的保护和修复。归根结底，食用工具是人类制造和使用的，要想保护食母系统，人类必须摆正食用工具和食母系统的关系，如图2-11所示。

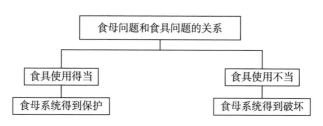

图 2-11　食母问题和食具问题的关系

十、供需维度：产能问题和需求问题

大食物问题还可以从供需维度划分，分为产能问题和需求问题。

食源体能够供给人类食物的总量是有限的，不是无限的，不能无视人口总量的暴增。食物母体系统的总产量有限，即可供人类食用的植物、动物、矿物、微生物的总量是有限的，这是由地球的体量和质量的规定性所决定的，它不会以人类的意志为转移。换句话说，它能供养的人类人口数量是有限的，不是无限的。

回望人类的发展历史，尽管人口不断增长，但其人口总量一直在食物安全的范围之内。进入21世纪，人类将迎来人口的"百亿级时代"，从食物的供需平衡来看，这是一个由量变到质变的过程。当人类以百亿、数百亿的量级存在在这个星球上时，食物母体的产能临限问题就出现了，在这个时代人类的食物需求将逐渐接近食物母体产能的上限。

人类应该有勇气正视这个事实，以智慧控制人类的繁殖，以方法控制人口的总量。始终保持食物产能大于食物需求的态势，人类的生存与延续才是安全的。无论人类的未来如何"文明"，一旦食物需求大于食物供给，必将成为人类的灾难，如图 2-12 所示。

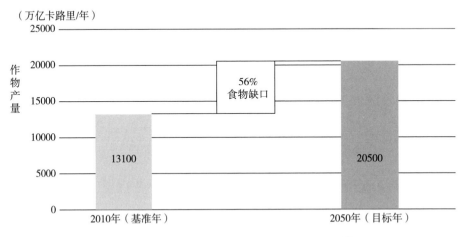

图 2-12　到 2050 年世界需要解决的食物缺口①

　　有人说，人类可以用智慧开发食物母体的潜能，增加食物的供给量，但这也是有限的。还有人说，我们可以依靠科技的进步，到地球以外的空间索取食物。其实，这是当今"文明"因资源不可持续而画的一张大饼，是不能用来充饥的。

---

①　世界资源研究所（WRI）：《创建一个可持续的粮食未来——到 2050 年可持续地为 90 多亿人提供粮食的解决方案》（*Creating a Sustainable Food Future: A Menu of Solutions to Feed Nearly 90 Billion People by 2050*），2019 年，第 17 页，部分修改后引用。

第三章 构建解决大食物问题的知识体系

食学，作为 21 世纪的学科，是一个全新的知识体系，是人类所有食事认知的综合。在此之前，没有一门学科能够涵盖人类的全部食事认知。食学，跳出了现代学科体系的局限，首次从食物获取、食者健康、食事秩序三个方面，将人类的食事认知归纳为一个整体体系，从而终结了人类食事认知"盲人摸象"的历史，将推动食事管理"头疼医头，脚疼医脚"低效范式的变革。食学，是站在一个更高的视角，来观察人与食物、人类与食物母体系统、食事与世界秩序之间的客观现实，并发现其中的运行规律。

食学，是解决人类大大小小的大食物问题的一把金钥匙。

第一节 食事认知的综合：食学

在人类的食事认知史上，各种认知形形色色多如牛毛，但是均以分散化、割据化的形态出现，食学创建了对人类食事问题的总体认知体系，给大食物问题的整体治理提供了理论武器。食学可以站在一个更高的视角观察人与食物、人类与食物母体系统、食事与世界秩序之间的客观现实，并发现其中的运行规律，解决人类食事问题和难题，从而使人类生活更加美好，使种群可以延续。

一、食学的定义与任务

如何更全面、更准确地认识人类的食事？如何正确认识食事在人类文明进化过程中的重要价值？如何更好地发挥和利用人类食事共识的伟大力量？如何更好地解决人类面临的诸多食事难题？仅仅依靠传统的认识体系是不够的。要全面地认识人类的食事，就要开拓新思路，找到新方法，建立一个整体的食事认知体系。这个整体食事认知体系就是食学。

食学的定义有四个角度：

一是从关系角度定义：食学，是一门研究人与食物之间相互关系的学科，或者说，是研究在人类饮食过程中，人与自然之间相互关系的学科。食学是研究人与食物之间关系及规律的学科。[①] 食学是从食事角度出发，研究人与生态及相互关系规律的学科。

二是从功能角度定义：食学是研究解决人类大食物问题的学科。食学因食事问题而生，既有老问题，又有新问题；既有小问题，又有大问题，更有大难题，有效地解决人类的大食物问题，是食学存在的唯一理由。

三是从本质角度定义：食学是研究人类食事认知及其规律的学科。食学是由人类食事认识的一系列概念、判断构成的具有严密逻辑性的体系。食学是研究人与自然之间能量转换的学科。人的生存依赖能量的支持，食物是人与自然界能量转换的介质，食为是获取食物能量的方式。

四是从发生角度定义：食学是一个研究人类食事行为发生、发展及其演变规律的学科。食学是研究人类食事行为及其规律的学科。

从以上四个角度来探讨食学定义，是为了让我们能更加准确地认识和把握食学概念，如图 3-1 所示。

以上四个角度的定义，各有所见，各有所长。其中"食学是研究人与食物之间关系及规律的学科"，简明准确地揭示了"食学"研究对象的本质内涵，比较符合当今学科定义常规。而本书作者更认可的是"食学是研究人类食事行为及其规律的学科"这个定义。食学定义的确定，明确了学

---

① 刘广伟：《用食学改变世界》，《中国食品报》2014 年 7 月 8 日。

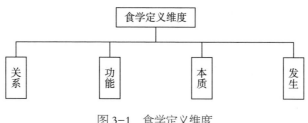

图 3-1　食学定义维度

科的本质属性和学科性质，也明确了学科研究的方向、内容和任务。

食学的基本任务就是要解决人类寿期不充分问题、食事的社会冲突问题和食事的生态冲突问题。它包括延长个体寿期、优化社会秩序、维持种群延续三个方面，通俗地说是"食事三个健康"，即个体健康、社会健康、种群健康。

如何让世界上每一个人都能吃饱、吃好、吃出健康、吃出充分的寿期？如何让世界的食物资源分配更合理，减少因食物资源短缺而产生的争端与冲突？如何处理好人类不断增长的食物诉求与食母系统供给产能的关系？维护人类可持续发展。食学的任务，不仅与每个人的基本生存目标高度一致，也与人类的文明目标高度一致。

二、食学的结构与体系

食学的贡献，是它首次以食为纲，将食物获取、食者健康、食事秩序三大领域联为一体；其次，它将食学涉及的所有学科，纵向分为多个层级，形成了一个完整的"1-3-13-36"食学科学体系。

"1-3-13-36"食学科学体系中的"1"，是食学体系的第一层级，即食学本体。食学不是食物学，也不是吃学，更不是食品学、食文化学，食学是一个更大范围的知识体系。例如，农学只是食物获取的一个方面，食品科学是食物获取的另一个方面；再如，现代医学中的营养学只是食者健康的一个方面，传统医学中的食疗学是食者健康的另一个方面；又如，食文化学只是食事秩序的一个方面，食经济学是食事秩序的另一个方面，它们都是人类食事认知的局部，不是食事认知的全部。食学，不仅包含了它们，而且包含了所有与食事相关的认知。食学，不仅厘清了它们之间的内在关系，而且找到了它们自身的本质特征，同时填补了所有空白。也可以这样理解：食学是从食事的角度对上述学科的扩充与更名，是一个更大的体系。

食学，是对人类所有食事认知的整体概括，其整体价值大于部分之和。

"1-3-13-36"食学科学体系中的"3"，是食学体系的第二层级，即食学的三个二级学科。它们是食物获取学、食者健康学和食事秩序学，如图3-2所示。

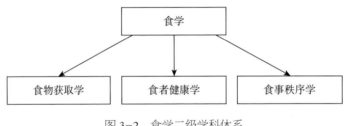

图 3-2　食学二级学科体系

食物获取学是一门涵盖所有食物获取认知的学科。食物获取是一个古老的行业，如果从原始人类对天然食物的采摘、狩猎、捕捞和采集算起，已经有数百万年的历史。而食物获取学则是食学体系下的一门新兴学科，它将所有与食物获取相关的内容集于一体，从更高的视角和更宽的视野给予研究认知。食物获取学下辖食物母体学、食物野获学、食物驯化学、人造食物学、食物加工学、食物流转学、食为工具学等七门食学三级学科，组成了完整全面的人类食物获取体系。

食者健康学是一门涵盖了食者健康方方面面认知的学科。食者健康是人类食为的核心，所有食物获取的最终目的都是食者健康，食者健康学也居于食学三个二级学科的中心位置。食者健康学的本质是研究如何使食者达到应有寿期。从学术研究的角度来看，食者健康学提出的"双元认知食物""双元认知肌体""食在医前""人体健康、亚衡、疾病三个阶段""吃事三阶段""科学进食 3-372 体系""吃事的五觉审美"等新观点，都让这门学科具有了十分丰富的内涵与重要的价值。食者健康学下辖食物成分学、食者肌体学、吃学等三个食学三级学科，组成了完整全面的人类食者健康体系。

食事秩序学是与食物获取学和食者健康学并列的一个食学二级学科。食事秩序学的研究内容是人类所有食事行为的和谐与持续，包括食为与食母系统的和谐与持续，也包括食为与食化系统的和谐与持续。当今人类的食事问题多且严重，亟须从约束和教化两个方面着力，以预防和减少因不当食事行为引起的种种问题。食事秩序学下辖食事制约学、食为教化学、食事历史学等三个食学三级学科，由此构成完整全面的人类食事秩序体系。

在食学中，食物获取学、食者健康学和食事秩序学组成了一个三角结构，简称"食学三角"。其中食物获取是根本，位于食学三角的顶角。三者之间的关系是：食事秩序对食物获取形成控制，对食者健康形成指导；食物获取、食事秩序都是为食者健康服务的；食者健康是食物获取的目的。中国有一句成语叫作纲举目张，食学三角结构就是构建食学体系的纲，如图 3-3 所示。

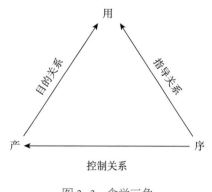

图 3-3　食学三角

"1-3-13-36"食学科学体系中的"13"，是食学体系的第三层级，即 13 个食学三级学科。在构建食学科学体系的研究中，笔者发现人类海量的食事中，存在着 13 个具有内在原理、结构共性的组合，它们是归纳海量食事不可缺少的层级。这 13 个三级学科分别是：食物母体学、食物野获学、食物驯化学、人造食物学、食物加工学、食物流转学、食为工具学、食物成分学、食者肌体学、吃学、食事制约学、食为教化学、食事历史学。这13个三级学科也叫13个食事范式，如图3-4所示。

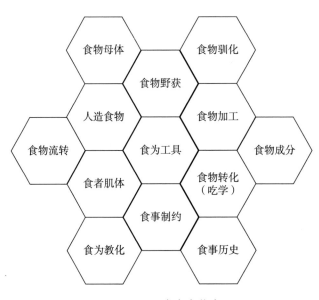

图3-4　13个食事范式

食物母体从食物来源的角度强调了人类食物对地球生态的依赖关系。食物母体学隶属于食物获取学，下辖2个食学四级学科：食母保护学、食母修复学。食物野获是指人类用采摘、狩猎、捕捞、采集等方式对天然食物的直接获取。

食物野获学隶属于食物获取学，下辖4个食学四级学科：食物采摘学、食物狩猎学、食物捕捞学、食物采集学。

食物驯化是指用种植、养殖和培养的方式对天然食物进行驯化。食物驯化学隶属于食物获取学，下辖3个食学四级学科：食物种植学、食物养殖学、食物菌殖学。

人造食物是指用化学合成、胞殖等方式生产合成食物。人造食物学隶属于食物获取学，下辖2个食学四级学科：调物合成食物学、调体合成食物学。

食物加工是指用物理、加热、微生物等方式对食物进行加工。食物加工学隶属于食物获取学，下辖3个食学四级学科：食物碎解学、食物烹饪学、食物发酵学。

食物流转是指对食物的贮藏、运输和包装。食物流转学隶属于食物获取学，下辖3个食学四级学科：食物贮藏学、食物运输学、食物包装学。

食为工具是指人类的食为活动中使用的各种工具。食为工具学隶属于食物获取学，下辖2个食学三级学科：食为手工工具学、食为动力工具学。

食物成分是指食物中所蕴含的各种对人体产生作用的成分。食物成分学隶属于食者健康学，下辖2个食学四级学科：食物元性学、食物元素学。

食者肌体是指人体的体征和体构。食者肌体学隶属于食者健康学，下辖2个食学四级学科：食者体性学、食者体构学。

吃学是研究进食与人体健康的学科，涵盖吃前、吃中和吃后三个阶段。吃学隶属于食者健康学，下辖5个食学四级学科：吃方法学、吃美学、吃病学、偏性物吃疗学、合成物吃疗学。

食事制约是指对人类食事的强制性制约。食事制约学隶属于食事秩序学，下辖4个食学四级学科：食事经济学、食事法律学、食事行政学、食事数控学。

食为教化是指对人类食为软性的教育与感化。食为教化学隶属于食事秩序学，下辖2个食学四级学科：食事教育学、食为习俗学。

食事历史是指人类过去与食物获取、食者健康、食事秩序相关的行为及结果。食事历史学隶属于食事秩序学，下辖2个食学四级学科：野获食史学、驯化食史学。食学三级学科体系如图3-5所示。

"1-3-13-36"食学科学体系中的"36"，是食学体系的第四层级，即

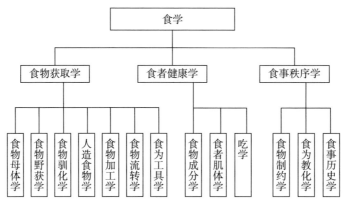

图 3-5 食学三级学科体系

食学的 36 个四级学科。这 36 个四级学科相对独立，是构成食学科学体系的基础层和基本层，它们从不同维度，囊括了人类食事认知的方方面面。食学的四级学科，也是食事教育划分专业和课程设置的主要参考坐标。

食学四级学科的划分原则，是在三级学科层级下面寻找最大的差异属性，并把它们分别列出，保证它们相互之间第一关系是并列关系，不是属种关系或交叉关系。例如食物碎解、食物烹饪和食物发酵三个学科，虽然同属于食物加工学，具有相同的属性概念，但一个是用物理方式加工，一个是用热方式加工，一个是用微生物方式加工，在种概念上有明显区别。例如食物采摘、食物狩猎、食物捕捞、食物采集这四个学科，虽然同属于食物野获学，都是对天然食物的直接获取，但是它们具体的获取方式有着很大的差异。

食学四级学科的划分原则有两个：一是实践原则，即以其在食业中所处位置确定学科位置，例如食物种植和食物养殖均属食业中的食物获取领域，所以把食物种植学、食物养殖学置于食物获取学的食物驯化门下。偏性物吃疗和合成物吃疗属于食业中的食者健康领域，所以将偏性物吃疗学、合成物吃疗学置于食者健康学中的吃学门下。二是前瞻原则，即分析一门学科所处位置，不仅要看它在当前食业中所处位置，还要根据它的发展前景确定学科位置。例如食事数控学，其表象是隶属于食为工具，为什么要将其置于食事秩序领域呢？这是因为当今数字技术异军突起，它们的功能在不断拓展，例如数字平台，不仅可以提高食事效率，还可以发挥控制约束的作用。与此同时，更多地展现出"智能化""自动化"的特性。从发展的眼光来看，将其置于食事秩序领域更为恰当合理。

食学的 36 个四级学科是：食母保护学、食母修复学、食物采摘学、食物狩猎学、食物捕捞学、食物采集学、食物种植学、食物养殖学、食物菌殖学、调物合成食物学、调体合成食物学、食物碎解学、食物烹饪学、食物发酵学、食物贮藏学、食物运输学、食物包装学、食为手工工具学、食为动力工具学、食物元性学、食物元素学、食者体性学、食者体构学、吃学、吃美学、吃病学、偏性物吃疗学、合成物吃疗学、食事经济学、食事法律学、食事行政学、食事数控学、食事教育学、食为习俗学、野获食史学、驯化食史学。

食母保护学是从保护角度研究食物和食母关系的学科。它指导人类正确地认识自然，合理地利用自然，以维护食物生态的平衡，维护生态食物产能可持续供给的最大化，促进食物母体的可持续发展。

食母修复学是从修复角度研究食物和食母关系的学科。它指导人类正确地修复被不当食为破坏的大气、土地、水体等资源，恢复生物多样性，促进食物母体的可持续发展。

食物采摘学是研究对天然食用植物进行采摘的学科。食物采摘曾经是人类不可或缺的生存手段之一。第一次农业革命后，由于种植业的兴起，对天然食物采摘的规模逐渐缩小，如今仅作为人类获取植物性食物的一种补充。

食物狩猎学是研究对天然陆地食用动物进行狩猎的学科。食物狩猎曾经是人类极为重要的生存手段，第一次农业革命后，由于养殖业的兴起，食物狩猎的规模逐渐缩小，如今狩猎已经成为人类控制动物种群平衡的手段之一。

食物捕捞学是研究对水域食用动物进行捕捞的学科。食物捕捞曾经是人类重要的生存手段，在科技发展生产工具进步的今天，它已发展成为一个大的行业，捕捞领域由内陆河湖扩展为近海、远海、远洋。

食物采集学是研究对水、盐等矿物食物资源进行收集与提取的学科。食物采集曾经是人类重要的生存手段，在当今社会，伴随人们日益增长的物质需求，食物采集的规模也日益壮大，发展成为一个兴盛的行业。

食物种植学是研究对食用植物进行人工驯化的学科。它以获取食物为目的，通过人工对植物的栽培，取得粮食、蔬菜、水果、饲料等产品，从而保障人类植物性食物的数量与质量。

食物养殖学是研究对食用动物进行人工驯化的学科。它以获取食物为目的，通过对可食性陆地动物和海洋动物的繁殖和培育，将牧草和饲料等植物能转变为动物能，为人类提供营养价值更高的动物性蛋白质。

食物菌殖学是研究对食用菌类进行人工驯化的学科。菌类食物是不同于植物食物的另一界别分类。人类对菌类食物的人工培养已有数千年的历史。近年来，食物菌殖业发展迅速，菌类食物已经成了继粮、棉、油、果、菜之后第六大农产品。

调物合成食物学是研究调物类化学合成食物的学科。调物合成食物是一个庞大的家族，也是一把"双刃剑"。在提升食物的感官度及适口性的同时，并没有给食者带来应有的营养，超量、不当使用，还会给人体健康带来危害。

调体合成食物学是研究调体类化学合成食物的学科。调体合成食物是指利用化学方式制成的口服药片，它有快速治疗疾病的效能，也具有比较明显的副作用。

食物碎解学是研究用物理的方式提升食物适口性和养生性的学科。食物碎解是一个比较宽泛的概念，不仅指将食物分割切碎，凡是以物理方式对食物进行加工的，如食物分离、混合、浓缩等，都可以归于食物碎解的范畴。

　　食物烹饪学是研究用热方式提升食物适口性、养生性的学科。科学原理之外，食物烹饪学对烹饪的 3 级技术体系、7 级产品体系、28 位产品编码体系等做了深入论述。

　　食品发酵学是研究用微生物方式提升食物适口性、养生性的学科。食物发酵涉及众多食物加工环节，产品丰富多样，包括酒、茶、醋、酱油、腐乳、酸菜、酸乳、火腿、干鲍、奶酪等多种行业和产品。

　　食物储藏学是研究食物时间维度与质量维度变化及规律的学科。食物贮藏是维护食物品质、减少损失、实现均衡供应的重要手段，可以分为依靠自然条件完成贮藏和依靠机器设备完成贮藏两个阶段。

　　食物运输学是研究食物质量与空间变化及规律的学科，其主要任务是指导人类在保证食物质量的同时，提高其空间移动的便捷性。伴随科技的发展和人类活动区域的扩大，食物运输方式也在不断升级。

　　食物包装学是研究食物外部保护与装饰及其规律的学科。食物包装起源于人类的食物储运需要，如今已经发展成为集包装原料、食品科学、生物化学、包装技术、美装设计于一体的大行业。

　　食为手工工具学是研究食用手工工具的发明和使用，以提高食物获取、食物利用效率的学科。食为手工工具的历史和人类的发展史一样久远。迄今为止，食为手工工具在食生产、食利用领域，仍发挥着重要作用。

　　食为动力工具是指由动力驱动的各种食用机械和设备。利用风能、水能的食为动力工具古已有之，直到工业革命后，蒸汽机、电动机、汽油机异军突起，取代了大部分的人力。联网化和智能化是食为动力工具今后的发展方向。

　　食物元性学是从食物元性角度研究食物差异性的学科。它将食物分为温、凉、寒、热、平等不同性格，指导人类探究、利用食物性格的功能与作用，科学进食，调理亚衡，治疗疾病，吃出健康长寿。

食物元素学是研究食物元素与人体健康之间的关系的学科。人们认识食物元素是从营养素开始的，但是食物元素的概念要大于食物营养素。在食物中，除了营养素外，还有无养素和未知元素需要深入研究。

食者体性学是从生态整体维度研究人的肌体变化和差异，研究人体与食物之间关系的学科。在现代生理学、解剖学没有出现的数千年里，对食者体性的认知指导了人类的日常饮食和对疾病的调疗。

食者体构学是从结构的角度认识人体变化与食物之间的关系及其规律的学科。人体有九大系统，其中的食化系统在人体系统的运转中具有不可替代的位置。

吃方法学是研究进食方法的学科。吃是人类生存的第一要素，吃法正确与否事关重大。对于科学进食，人类积累了大量的经验，科学的吃法是人类健康而长寿的重要基础。

吃美学是研究进食审美的学科。它打破了传统美学的局限，将吃审美扩展为视觉、听觉、嗅觉、味觉、触觉等五种感知器官共同参与的"五觉审美"，以及具有心理反应和生理反应的双元审美。

吃病学是研究食物与食源性疾病之间关系的学科。吃病是一个新概念，是指所有因饮食而来的疾病，既包括因食物问题带来的疾病，又包括因吃方法不当带来的疾病。吃病强调病因，强化了对人体健康的上游管理。

偏性物吃疗学是研究用偏性食物调理身体治疗疾病的学科。偏性食物俗称本草，是指天然的、非滋养功能的、具有疗疾作用的吃入口中的物质。用偏性物吃疗已有数千年的历史，并取得了不凡的成果。

合成物吃疗学是一门研究化学合成食物与疾病之间关系的学科。用以疗疾的化学合成食物又称口服西药，合成物吃疗是指当代医学的口服医疗部分。

食事经济学是研究在食事经济领域的种种规律和关系的学科。它的出现，对指导人类实现食物资源的最优配置，提高食物的利用效率，都具有十分重要的意义。

食事法律学是研究在食事法律领域种种内容的学科。当今人类只有各自为政的法律条文，缺少整体性的食事法律；只有各国各地区分散性的法律，缺少世界性的食为大法。食事法律学呼吁整体性、世界性食事法律的构建。

食事行政学是研究政府对食物、食为、人口的有效管理与控制的学科。该学科提出了许多创新观点，例如设立统一管理的食政机构，农政向食政转变，用行政手段控制人口的无序增长，用行政手段减少和杜绝浪费，等等。

食事数控学是研究食事数字控制的学科。数字食事控制平台横跨食物获取、食者健康、食事秩序三大领域。比较传统的管控工具，数字食事控制平台具备信息获取、传递、处理、再生、反馈、利用、管理等多种功能。

食事教育学是研究对人类进行食事教育的学科。食事教育包括两个方面：一是食者教育，二是食业者教育。从当前情况来看，食业者教育开展得较为普遍，而食者教育除了少数国家和地区外，并没有被纳入正规的通识教育课程。

食为习俗学是研究食为领域习俗现象的学科。其任务是研究地理环境、历史进程、人文传承、宗教差异，以及其他促使食俗形成的原因，了解不同地域、不同民族的饮食文化习俗，分辨其中的良俗、陋俗，推动人类的食俗进步。

野获食事历史上至约550万年前的人类萌芽时代，下至公元前1万年农业革命开始前夕。这一历史阶段占据了人类历史99%以上的时长，对这一食事历史阶段的研究和总结，对认知人类的发展史、矫正人类当今的不当食为具有重要的意义。

人类的驯化食事历史从公元前 1 万年的农业革命开始，下至当今。驯化让人类的食物来源趋于稳定，人口数量增加，也带来了和食母系统冲突加剧、食物种类单一等弊端。

依据层级的多寡，食学又分为整体体系和基本体系。食学的基本体系由一级至四级学科组成，即"1-3-13-36"体系。食学的基本体系，是在学科属种基础上对食学科学的一种划分，是一种建立在学科逻辑层次基础上的划分。除这种划分方法之外，出于研究需要，对食学体系还可以进行不同方式的划分，以便于从不同维度、不同视角全方位地认知食学。其中包括按学科属性划分、按学科进度划分、按学科结构划分、按与其他学科关系划分等多种划分方式。

食学科学体系的构建原则，就是针对食事客体，建立食事认知体系，既要把与食事相关的已有认知都纳入进来，又要填补食事认知的空白，还要调整错位的食事认知归位，并形成一个有合理内在关系的整体，彻底改变当今食事认知割据化、碎片化的局面。食学体系是 21 世纪形成的所有食事认知的整体，从学科角度来看，食学的整体体系是全新的，分类方法也是全新的，部分学科的名称也是新命名的。

食学科学体系的内容大部分是已有的，是已存在的食事认知，但在学科分类、学科内容、学术边界、学术体系等方面存有模糊、不全面、不合理的状况，食学体系分别对它们进行了厘清、扶正、回归。食学科学体系的部分内容是新增的，如吃学、吃病学、吃美学等，是针对以往食事认知模糊或空白领域的补充。

三、食学的定律与法则

食学定律和食学法则是食学科学体系的重要内容。食学定律是对人类客观事实规律的概括，是为食事实践所证明、反映食事事物在一定条件下发展变化客观规律的论断。食事法则强调食事的规定性、规律性、不变性，主要体现在食者健康和食事秩序领域。这些定律和法则，既是食学理论的重要组成部分，又是解决食事问题的理论基础。

食学现有定律 11 个，法则 15 个。具体如下：

（1）食界三角定律：人类食事运行离不开食物母体系统、食事行为系统和食物转化系统的范围。

（2）食事双原生性定律：人是原生性的生物，只有依靠原生性食物才能维持生存与健康，不能依靠人造食物。

（3）食母产能有限定律：食源体供给人类食物的总量是有限的，不是无限的。

（4）食事优先定律：食事是决定生存的要素，必须优先应对才能保障生存。

（5）食为二循定律：食事行为必须适应食物母体系统和食物转化系统的运行规律。

（6）食脑为君定律：食脑维持生存，头脑指挥行为，头脑服务于食脑。

（7）对征而食定律：根据自己的肌体特征，选择最适合自己的食物和吃方法，才能吃出健康与长寿。

（8）食在医前定律：充饥在前疗疾在后，食疗在前药疗在后。

（9）药食同理定律：食物和口服药物都是吃入并通过胃肠等器官作用于肌体的机制。

（10）食物元性疗疾定律：食物元性能够作用于肌体不正常状态，可以预防疾病和治疗疾病。

（11）谷贱伤民定律：食物价格过低，表面伤害的是生产者，最终伤害的是消费者。

（12）食效不同步法则：食物生产的面积效率、成长效率、人工效率是不一致的。

（13）食物认知双元法则：从食物性格和食物元素两个方面来认知食物。

（14）肌体认知双元法则：从肌体结构和肌体征候两个方面来认知肌体。

（15）食化核心法则：食物转化系统是所有食事的核心。

（16）两长一短长寿法则：健康阶段与亚衡阶段长、疾病阶段短的生存模式。

（17）吃事三阶段法则：把吃前、吃入、吃出视为一个整体，才能健康长寿。

（18）化添剂魔术法则：化学食品添加剂可以欺骗头脑却欺骗不了食脑的本质属性。

（19）吃事五觉审美法则：吃事是味觉、嗅觉、触觉（口腔）、视觉、听觉的鉴赏过程。

（20）美食家双元法则：吃事的心理和生理统一的审美机制。

（21）人粮互增法则：人口数量与粮食数量互相促进的状态。

（22）食为矫正双元法则：从强制与教化两个方面矫正不当食事行为。

（23）食事教育双元法则：从食者和食业者两个方面进行食事教育。

（24）食俗认知双元法则：从优良和丑陋两个角度认知食事习俗。

（25）过食四因法则：过食病的主要诱因是人的嗜甜嗜香的偏好性、食物能量的储存性、饱腹感反应的延迟性、缺食行为的惯性。

（26）好食物是奢侈品法则：优质食物所具有的稀缺性和珍贵性。

第二节　大食物问题整全治理

尽管全球性的大食物问题错综复杂，但依然会有规律可循，依然会有解决之道。食学是为解决大食物问题而生，食学从整体治理入手，提出了全球大食物问题的解决方案。大食物问题是人类共同面对的重大问题，也是世纪难题，直接关系到人类的可持续发展。在科技日益发展、交通日益发达、人类交流范围日益扩大、地球日益缩小为"村"的今天，需要构建一个全球性的大食物问题治理体系，才能有效地应对它们，全面彻底地解决它们。

一、树立优先观、整体观、持续观

大食物问题涵盖社会生产、生活的多个方面，这些食事问题之间是相互联系的，是一个不可分割的整体。大食物问题不仅涉及粮食，还有蔬菜、水果、肉类、饮用水等；大食物问题也不只是食物问题，还有与之相关的食物获取者、食物利用者，以及与之相关的健康中国、环境保护、"双碳"目标、可持续发展等一系列问题。从食学科学体系的角度来看，我们既要优先解决大食物问题，又要全面解决大食物问题，要跳出以往固有的思维模式，要把食物获取与食物利用统一起来，把食物生态与食物获取统一起来，把食事疾病与健康中国统一起来。

历史经验告诉我们，越是面临重大威胁之时，越是迎接巨大挑战之时，越要认清解决食事问题的重要性与优先性，才能牢牢地把握命运，立于不败之地。优先解决大食物问题，要在九大食事问题中分清权重轻重，派出应对顺序。食物数量问题排在第一；第二组是食物质量问题、食物浪费问题、合成物问题；第三组是食育问题、过食病问题；第四组是人口控制问题、食事生态冲突问题、食物可持续供给问题。

解决大食物问题，更需要我们树立整体观、持续观。大食物问题不仅连着14亿多人的粮食，还连着14亿多人的健康、连着可持续发展等一系列目标问题。全面解决大食物问题，需要我们居安思危，需要我们树立整体观、持续观，需要我们构建一个全面的整体治理体系、持续保障体系。

二、食事问题全球治理"3-36"体系

整全治理大食物问题，需要我们提出一套完整的、有效的方案。这一治理方案就是食事问题全球治理"3-36"体系。

全球治理体系图由两个相套的环形组成，九角形的内环是人类面临的九大食事问题，圆形的外环是应对、解决食事问题的治理体系。该治理体系由36个领域组成，它们是食母保护领域、食母修复领域、食物采摘领域、食物狩猎领域、食物捕捞领域、食物采集领域、食物种植领域、食物养殖领域、食物菌殖领域、调物食物领域、调体食物领域、食物碎解领域、食物烹饪领域、食物发酵领域、食物贮藏领域、食物运输领域、食物包装领域、食为手工工具领域、食为动力工具领域、食物元性领域、食物元素领域、食者体性领域、食者体构领域、吃方法领域、吃美学领域、吃病领域、偏性物吃疗领域、合成物吃疗领域、食事经济领域、食事法律领域、食事行政领域、食事数控领域、食事教育领域、食为习俗领域、野获食史领域、驯化食史领域，如图3-6所示。

人类食事问题是一个非常复杂的问题体系，有的是一因多果，有的是一果多因。例如食物母体遭到污染和破坏，既影响到食物的可持续，又威胁到食者的个体健康和种群延续。又如食物浪费是一种结果，原因却遍布在食物获取领域、食者健康领域和食事秩序领域。所以，对全球食事问题的治理，不是由某一领域单独应对某一问题，而是由多个领域共同参与，对问题进行多角度、整体性的综合治理。正是由于这个原因，食事问题全球治理体系图被设计成圆形，各治理领域下方的箭头只指向内圆，并没有直接对应某一类食事问题。这样的设计，更能显示出人类食事问题的复杂性，以及食事问题全球治理体系的整体性。

食事问题全球治理体系关系图，由一个圆形底盘和两个相套的圆环组成。其中内环为食者健康环，包括食物成分、食者肌体、吃事等三部

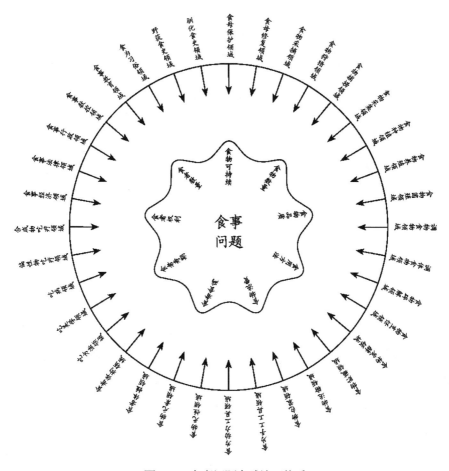

图 3-6 食事问题全球治理体系

分，共 9 个方面；外环为食物获取环，包括食物母体、食物野获、食物驯化、人造食物、食物加工、食物流转、食为工具等七部分，共 16 个方面；底盘为食事秩序环，分为食事经济、食事法律、食事行政、食事数控、食事教育、食为习俗、野获食史、驯化食史 8 个方面，如图 3-7 所示。

图 3-7 清晰地展示了食事问题全球治理体系的关系：一是食事秩序是为食物获取和食者健康服务的，它们之间的关系是服务与被服务；二是食者健康是核心，食物获取是食者健康的手段，食者健康是食物获取的目的。

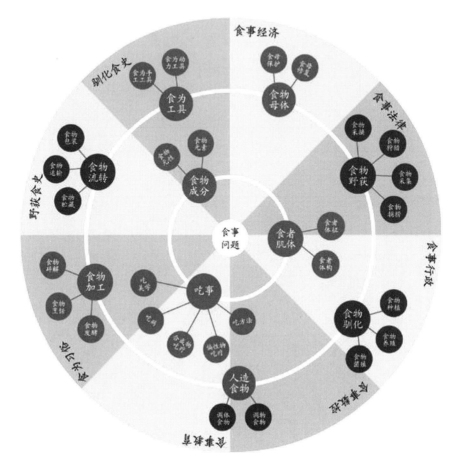

图 3-7　食事问题全球治理体系关系

第三节　大食物问题研究价值

食事与每一个人息息相关，大食物问题是人类面临的重大问题。对大食物问题的研究，既具有整体认知的学术价值，又具有解决问题的实用价值；既具有对每个人类个体健康的指导价值，又具有对整个人类前进方向的引领价值。

大食物问题研究的逻辑链条：大食物问题的根源是食为失当→大食物

问题的解决在于矫正不当食为→当今未解的大食物问题是因为没有被认知→食学体系可以认知所有食事问题→进而可以认知未被认知的大食物问题→大食物问题不彻底解决，可持续发展就不能实现→大食物问题彻底解决之日，就是食事文明时代到来之时。

具体来说，大食物问题研究的价值主要有八个方面：其一，整体认知价值；其二，整体解决价值；其三，厘清关系价值；其四，支撑可持续价值；其五，提升效率价值；其六，延长生命价值；其七，行业优选价值；其八，实现目标价值。

一、整体认知价值

大食物问题研究构建了大食物问题整体认知体系。在很长一段时间，人类对食事的认知呈"三化二区"状态，即海量化、割据化、碎片化带来的误区与盲区。这些海量化、割据化、碎片化的认知，就像寓言故事中的"盲人摸象"，让人既迷茫又错漏。大食物问题体系首次将存在于食物获取、食者健康、食事秩序领域的大食物问题纳为一个整体。它跳出了现代科学体系认知的局限，站在一个更高的视角来观察食事，对人类的大食物问题给予整体化的认知和梳理。它为我们编织了一个能够把所有食事全部网住的大网，一些理论和实践的误区被发现，一些过去看不到的盲区被填补。食事问题研究体系的确立，让人类告别了"盲人摸象"式的认知局限，让"整体价值大于部分之和"，让人类的食事认知登上了一座新的高峰。

二、整体解决价值

大食物问题研究是一个非常接地气的理论体系，可以这样说，它的诞生就是为了满足实践的需求，它力求用理论角度指导实践，彻底解决困扰人类千万年一直无法解决的食事问题。

多年来，人们解决大食物问题往往从局部问题着眼着手，而对于食事的整体问题往往忽视或者束手无策。究其根本原因，就在缺少对大食物问题整体的认知体系。没有整体认知就没有整体眼界，没有整体眼界就没有整体思路，没有整体思路就没有整体应对办法。而食学科学体系的创建，恰恰给大食物问题的整体认知和整体解决提供了一个坚实的理论基石。为了解决人类食事的整体问题，食事问题研究从个人、国家、全球角度，提出了一个切实可行的食事问题整体解决方案。这一方案的实施之日，这一平台的普及之日，就是人类的大食物问题得到彻底解决之时。

三、厘清关系价值

大食物问题研究的一个重要贡献，就是厘清了大食物问题内部关系，即诸事当前，要坚持食事优先。若他事优先将威胁人类的生存和可持续。

食事是人类文明的源头。工业文明崛起后，科学技术的飞速发展满足了人类的种种欲望，致使他事不断增多。在商业社会的运营机制下，人们常常会不自觉地将食事置于"他事"之后。现代社会，生活节奏越来越快，人们开始追求效率。在这样的社会大背景之下，进食仿佛成了一种累赘，甚至被认为是一种浪费时间的活动，于是所有忙碌的人们都开始减少吃饭所用的时间，而随叫随吃，既不费时又美味可口的快餐便逐渐成了主流。快餐这样的食事形式虽然看似压缩了食事时间而成就了他事，但却忽视了食物转化过程中的时间需求，也为肌体健康埋下了隐患。人类最重要的事情便是食事。当今人类面临的社会冲突、人口爆炸、环境破坏、寿期不充分等问题，其根源就是"他事优先"。这种"他事优先"的行为，不仅会使社会整体运营效率降低，并且会威胁到个体的健康和种群的持续。

在食事与他事的关系上，食学给出了食事优先的明确答案，这是食学的一大贡献。

四、支撑可持续价值

在联合国 2015 年通过的 2015—2030 年的 17 个可持续发展目标中，有 12 个与食事紧密相关。大食物问题研究不仅在所涉领域与联合国可持续发展目标一致，在治理方式上也与联合国提出的"以综合方式彻底治理社会、经济和环境三个维度的可持续发展问题"不谋而合。

大食物问题研究既关注人类种群的可持续，也关注食母系统这个人类家园的可持续。大食物问题研究有一条基本理念，那就是食事问题不能彻底解决，人类的可持续发展就不能实现。"科技再发展、再进步，人类也无法整体离开地球这个美好家园。认真研究人类如何与食物系统更好地和谐相处，才是长治久安之道。"[①] 大食物问题研究这种维护两个可持续的理念，将有助于人类对之前的发展思路进行调整，对自己的某些错误行为进行反思，有助于人类和生态环境的可持续发展。

五、提升效率价值

大食物问题研究的一大贡献，是它厘清了食事的效率问题。过去提及食事效率，往往只局限于食物获取领域。大食物问题研究指出，食事效率反映在食物获取、食者健康、食事秩序和整体社会四个方面。食事效率具体可分为人工效率、面积效率、成长效率、利用效率。在这四大效率中，利用效率是核心，食产效率是为利用效率服务的，而食事效率的提高，可以带动社会整体效率的提升。其中，生产效率领域的面积效率和成长效率都是有"天花板"的，如今已经接近极限；人工效率可以在当今科技尤其是数字技术的引领下，得到大幅度的提升；利用效率还有很大的提

---

① 刘广伟：《食学导论——构建揭示食事客观规律的自主知识体系》，《山西农业大学学报》（社会科学版）2023 年第 1 期。

升空间。

食事是人类生存的主要行为，人类的文明史也是食事效率的提高史。食事效率的整体提升，是人类文明进程的重要标志。

六、延长生命价值

大食物问题研究的三大目标中最重要的目标，就是延长个体寿期，这也是人类社会发展进步的一大标杆。要实现这一目标，人类首先要学会科学、正确地喂养自己。

纵观人类吃事历史，吃法虽然一直处于十分重要的位置，但也一直缺乏科学全面的总结，没有一个专门研究吃方法的学科；人类的科学著作汗牛充栋，但是迄今为止，也没有出现一部全面论述、总结吃方法的学术著作。大食物问题研究弥补了这方面的欠缺，它提出了一整套与吃相关的学科，包括对食物的认知、对人体的认知、对吃方法的认知、对吃审美的认知、对吃病的认知、对吃疗的认知等，并提出了"食脑为君头脑为臣""吃事三阶段""全维度进食"等理论观点，推出了《世界健康膳食指南》这样的针对人类吃事的实践性指导。这些学科、理论和膳食指南的提出和广泛传播，可以让人人掌握科学的吃法，为人类寿期的延长作出食学应有的贡献。

七、行业优选价值

当今的社会有若干种产业划分方法，其中"三次产业划分法"被广泛应用。但是，要想支撑人类的可持续发展，这种划分方法显然是不够的。而大食物问题研究从人类生存需求的角度，将社会行业分为生存必需产业、生存非必需产业和威胁生存产业三类。

生存必需产业是指食物、服装、住房、医疗等人类生存必需的产业；生存非必需产业是指交通、信息、服务、娱乐等生活必需但非生存必需的产业；威胁生存产业是指毒品业、军火业，以及因科技失控形成的一些产业，它们对人类生存造成了极大隐患。人类社会要想健康长久地发展，就要大力发展生存必需产业，有效控制生存非必需产业，逐步革除威胁生存产业。

生存性产业划分法的核心价值，就是可以支撑人类的可持续发展，为实现人类理想社会提供一条有效路径。

八、实现目标价值

人类的发展历史，历经了多个文明阶段。人类在发展，文明在持续，人类的下一个文明是什么文明？它的主要特点是什么？大食物问题研究的回答是：人类的下一个文明阶段是食业文明时代。食业文明就是食事文明，是食事文明在历史时代表述时的代称。人类文明有始以来，大食物问题一直贯穿始终，但一直没有得到彻底解决。

食业文明时代，是全人类的大食物问题得到了全面解决和彻底解决的社会阶段。食业文明是人类的整体文明，是人类能够可持续发展的文明，是人类社会内部外部两个和谐的文明，是人类寿期更加充分的长寿文明，是人类有大量闲暇时间的有闲文明，是人类有所为有所不为的限欲文明，是人类安居地球生活的地球文明。

人类有许多对未来理想社会的憧憬，从亚洲的"天下大同"的理想社会到欧洲的"乌托邦"，到近代的"空想社会主义"，古今中外的智者们做过多种设想，但都没有提供有效的实现途径。食学为理想社会的实现勾勒出一条既清晰又可实施的道路，这就是把全人类的大食物问题优先彻底解决，整体迈入食事文明阶段，这是实现任何一种理想社会的前提。

第四节　大食物问题的应对与治理

既然提出了大食物问题，我们就应该全面有效地解决大食物问题，这是树立大食物观的前提和基础。

要想全面正确地应对解决大食物问题，除了找到它的根源之外，我们还要了解应对的历史和现状，端正应对的态度，弄清应对的领域和对象，明确食事问题的应对目标，制定治理的时间表和路线图。

一、大食物问题应对的五个阶段

从历史发展来看，人类经历了五个不同的发展阶段，对大食物问题的应对也相应经历了五个阶段：个体应对阶段、合作应对阶段、部落应对阶段、政体应对阶段、全球应对阶段，如图3-8所示。它们有的已经走入历史，变成了"过去时"；有的正发生在我们身边，是一种"现代进行时"；有的刚刚到来或者即将到来，对于一些地球村民来说，还是一种"将来进行时"。

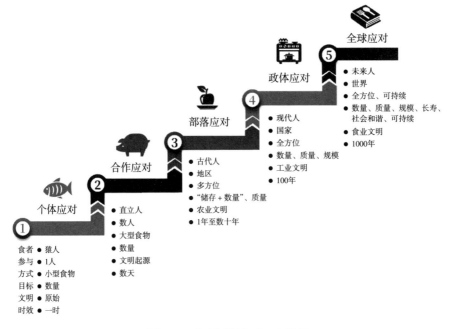

全球应对
⑤
● 未来人
● 世界
● 全方位、可持续
● 数量、质量、规模、长寿、社会和谐、可持续
● 食业文明
● 1000年

政体应对
④
● 现代人
● 国家
● 全方位
● 数量、质量、规模
● 工业文明
● 100年

部落应对
③
● 古代人
● 地区
● 多方位
● "储存＋数量"、质量
● 农业文明
● 1年至数十年

合作应对
②
● 直立人
● 数人
● 大型食物
● 数量
● 文明起源
● 数天

个体应对
①
食者 ● 猿人
参与 ● 1人
方式 ● 小型食物
目标 ● 数量
文明 ● 原始
时效 ● 一时

图3-8　食事问题应对五个阶段

（一）个体应对阶段

食事问题的个体应对阶段，是人类应对大食物问题的第一个阶段。食者是猿人；获取食物的方式是通过个人的单打独斗获取小动物、野果、野菜等小型食物；食事目标是食物数量；解决食问题的时效是一餐、一时、一事。

在食事问题的个体应对阶段，人类社会尚处于原始社会，人类尚未脱离原始特征，在食事劳动中没有分工合作的意识，也缺乏沟通所需要的语言。所以无论是采摘还是狩猎，都处于一种单打独斗的状态。① 这种获食的劣势决定了劳动效率的低下。原始人类只能以野菜、野果以及树木的叶子、根茎为食，最多是猎获一些兔子、鼠类、昆虫等小型动物，缺乏对一些大中型动物的捕获能力。这种低下的劳动能力，决定了原始人类只能整日为填饱肚子奔波。对他们来说，只能解决一餐、一时、一事的食事问题。即使是这种解决，也要靠天吃饭，靠运气吃饭。

（二）合作应对阶段

食事问题的合作应对阶段，是人类应对大食物问题的第二个阶段。合作应对阶段存在于人类文明早期，食者是直立人；获取食物的方式是数人组合在一起获取野牛、大象等大型食物；食事目标是食物数量；解决大食物问题的时效是数天。

在食事问题的合作应对阶段，人类已经具有了一定的集体意识和组织能力。人类在长期的获食需求和捕猎过程中形成了语言，这让人类的学习能力、集体配合能力和获食能力都有了很大提升。因此，合作应对阶段是人类劳动力迅速提升的一个阶段。通过对人类留下的遗址进行考古发现，此时人类不仅可以捕食有狼、野狗、野牛等中型动物，就连剑齿虎、大象等凶猛的大型动物，也会偶然进入人类的食谱。由于获食效率的提

---

① 参见王学泰：《中国饮食文化史》，中国青年出版社 2012 年版，第 2 页。

升，由于此时人类已经掌握了一些基本的贮藏知识，在这一阶段，人类将解决食事问题的时间从一餐、一时，扩展到了数餐、数天，大大提高了自己的生存概率。在食事问题的合作应对阶段，人类面对的最大食事问题仍然是食物数量不足，以及因此导致的食物来源不稳定和不能均衡供食。由于食物短缺和其他原因，彼时人类的平均寿命只有不到 20 岁。

（三）部落应对阶段

食事问题的部落应对阶段，是人类应对大食物问题的第三个阶段。部落应对阶段存在于驯化文明时期，食者是古人；食物获取方式是在一个地区多方位获取；食事目标是食物数量、质量加上储存；解决食问题的时效延长到 1 年至数十年。

在食事问题的部落应对阶段，人类获取食物的方式由早期的野获变成了驯化，发生了革命性的改变。种植和养殖的出现，让人类的食物来源趋于稳定，它不仅改变了食物的获取方式，还改变了人类的生活状态和社会结构。至此，人类结束了几百万年的流徙，改成了固守一地的定居。这一阶段应对食事问题的主要目标，由单项、组合阶段的单一的食物数量，变成了"食物数量 + 食物质量 + 储存方式"，解决食事问题的食效也从几天延长到一季、一年、数年甚至数十年。

（四）政体应对阶段

食事问题的政体应对阶段，是人类应对大食物问题的第四个阶段。食事问题政体应对阶段存在于工业化生产时期，食者是现代人；获取食物的方式是在一个国家、地区范围内全方位的获取；食事目标是食物数量、质量加上规模。

在这一阶段，各国都根据自己的需求和利益，制定整体的、长时间的大食物问题应对方案；解决大食物问题的时效延长到百年。工业化下的食物生产，带有工业文明的鲜明特征：动力机械的使用，化肥、农药、激素等化学添加剂的投入，大大提升了这一阶段的劳动效率。粮食亩产成倍地增长，养殖动物的成长期大大缩短。这一阶段的食事目标是"食物数量＋食物质量＋生产规模"。食物生产的集约化、规模化，是工业社会食事的鲜明特征。

在食事问题的政体应对阶段，以国家为管理主体的政体模式已经进入成熟阶段。各国都根据自己的需求和利益，制定相应的食法律，制定相对整体的、长时间的食问题应对方案。在这个阶段，解决食问题的时效已经延长到百年。但是，这一阶段的生产方式虽然大规模地提升了食物生产效率，也带来了前所未有的食事问题，主要是对效率的无限追求造成了食母系统的不堪重负，造成了食物的不可持续。这个问题已经超出了国家政体能够应对的范围。

（五）全球应对阶段

食事问题的全球应对阶段，是人类应对食事问题的第五个阶段。全球应对阶段存在于食业文明时期，食者是未来人；食物获取方式是全体地球人在世界范围全方位、可持续获取；食事目标是食物的数量、质量、规模和人的长寿、社会和谐、可持续。

食事问题的全球应对是一种千年治理方式，可以在全球范围长治久安地解决人类食事问题。在工业社会晚期，工业化生产下暴露的许多问题，如气候问题、海洋问题、食事环境日益恶劣问题，已经不是一国一地可以独自解决的问题。伴随当代科技发展，人类已经逐渐形成一个你中有我我中有你、一损俱损一荣俱荣的命运共同体，在这种情势下，必须有一个人类共同的应对方式，方能全方位地解决人类食事问题。在全球应对阶段，食物获取方式从一个国家、地区范围内的全方位获取，扩展为全体地球人在世界范围全方位、可持续获取。食事目标在获食数量、质量、规模的基础上，增加了人的健康长寿、社会和谐，以及事物和人类的可持续。因为人是食物的消费者，只有人的健康长寿，人类社会的和谐，人和自然的和谐，才是人类发展的最终目标。一旦这个目标实现，人类就不再受食事问题的困扰，从而更加快乐、和谐地生存。

二、大食物问题应对的四种态度

态度是人们在自身道德观和价值观基础上对事物的评价和行为倾向。面对同一事物，不同的态度可以得到不同的结果。在食事问题的应对上有四种态度：一贯重视、偶尔重视、不够重视和认知错位。这四种应对态度决定着食事问题的解决程度和解决结果。

（一）一贯重视的应对态度

由于某些大食物问题明显且重要，所以从古至今，一直受到人类重视，一直是人类要解决的重点问题。人们需要用一贯重视的态度来应对这些大食物问题。食物数量问题就属于一贯受到重视的大食物问题。因为人人需食，天天需食，食物是人类须臾不可离开的东西。食物数量一旦无法达标，人们会饱受饥饿之苦，连生命也无法延续下去。

（二）偶尔重视的应对态度

根据主观认知和客观条件的变化，人类在面对一些大食物问题时，有时候会重视，有时候又会忽视，这就是偶尔重视的应对态度。食物质量问题就属于偶尔重视的大食物问题。在某些情况下，例如食物数量长期充足，或者是出现了突发的食物安全问题，食物质量问题会被放在一个备受重视的位置。

（三）不够重视的应对态度

在有些情况下，人们虽然明知是一个食事问题，却因问题相对较小，后果不够严重，因而采取了睁只眼闭只眼，不理睬不重视的态度。食者权利问题、食物浪费问题、食用方法问题、食物可持续问题，都属于不够重视的食事问题。其中，食权虽是人权的基础，但是有人认为它属于理论层面的东西，因而没有给予足够的重视；食物浪费虽然遍及食物获取、食物利用的方方面面，损失了人类 1/4 的食物，但是因为屡见不鲜，也没有引起足够的重视，只是进行道德的批判，长期缺乏法律的约束；食用方法直接关联人类健康和寿期，原本是个大之又大的问题。但是在许多人眼里，吃法只是个人的一种习惯，可以依据各人的喜好自我选择，没有必要上升到食用原则的高度；食物可持续问题与人类前途相关，是人类发展道路上的头号问题，为此还进了联合国的发展目标。但是由于这是一个今后才会遇到的问题，离今天的"饭碗"还有一段差距，所以它在一些人眼中，也属于一个不够重视的问题。

（四）认知错位的应对态度

人们对一些大食物问题的认知存在错位，有些食事问题虽然错在 A 处，却被错误地认为错在 B 处。食者寿期问题、食者食病问题、食者数量问题中，都有认知错位的大食物问题。对人类生命产生决定性影响的有三大因素：温度、食物、空气。但是一提到食者寿期问题，许多人把它归结为医事而非食事。食者食病问题也同样，许多疾病都离不开饮食因素，食病更是因食而起，这是一个切切实实的食事问题，而不是医事问题。同样，食者数量和食物的供给量紧密相关，它看似一个社会问题，实际上也是一个食事问题。错误的认知会影响应对措施的准确，认知错位也是一个必须重视、必须解决的问题。

食事无小事。对于食事认知来说，只有把偶尔重视、不够重视、认知错位都变成一贯重视、高度重视，人类的食事问题才会解决有期。

三、大食物问题应对的三个领域

食事问题的应对涵盖三个领域：食物获取领域、食者健康领域、食事秩序领域。只有整体应对、整体治理，才能完全彻底解决人类的食事问题。

（一）食物获取领域的应对

食物获取是指人类获取食物与加工食物的方式，食物获取领域是人类食事的主要领域之一，食物获取领域问题是指人类在获取、加工食物过程中出现的矛盾和疑难。

食物获取领域的应对主要是食物获取正循环的应对。食物获取正循环，是指食物获取要遵循自然规律，摒弃过度应用合成物、一味地追求"超高效"的做法，达到食物数量和食物质量的统一。食物获取正循环的对立面是食物获取的负循环，如"谷贱伤民"问题。谷贱伤民，这里说的"谷"，泛指所有的食物；这里说的"贱"，是指食物的价格低于成本、或与成本持平、或微高于成本；这里说的"民"，泛指所有的食物消费者。谷贱伤民，是说由于食物的价格过低，食物生产者的利益受到伤害，他们生产食物的积极性受到打击，导致市场上食物数量和质量的供给没有保障。食物价格过低，表面伤害的是生产者，最终伤害的是消费者，因为食物生产者所掌控的食物的数量和质量是消费者生存与健康的前提。①

再比如"伪高效"问题。食物获取和生产的效率有一个度的问题，超越了这个度，影响了食物质量，就是一个"伪高效"。因为在超高效率规则下所生产出的食物，质量出现了严重下降，最终影响到了食者健康。面对这种"伪高效"，生产者"两块田"现象出现了。一块自留田生产效率低、利用效率高的食物自用；另一块售卖田生产效率超高、利用效率偏低的食物卖给他人。但每一个食物的生产者都不能生产所有的食物，每一个生产者都把"超高效"的食物卖给他人，其结果是生产者吃到的只有一款是好食物，其他都是"伪高效"的食物。这是一种食物获取的负循环模式，是互害的模式，是不可持续的模式。

在工业社会条件下，人们往往有一个误区，那就是认为所有产品的生产效率都可以提高，也包括食物获取。其实不然，化肥、农药等合成物

---

① 参见肖黎明、周扬明：《"谷贱伤农"与我国农村产业结构调整的经济学分析》，《中国流通经济》2005年第7期；高鸿业：《西方经济学》（宏观经济部分），中国人民大学出版社2011年版。

带来的效率已经到了极限，超高效的生产往往会导致食物质量的下降。食物的原生性决定了优质食物的成本一定高于劣质食物。食物不是工业品，没有价廉物美的本质属性，人造的合成食物永远也替代不了天然食物。食物与其他产品不同，是人生存与健康的基础。要鼓励消费者为食物的成本埋单，不要以各种理由去伤害食物生产者的利益。只有让食物生产者有利可图，食物的数量才能保障，食物的质量才能提升，食物消费者的需求才能得到满足。还要鼓励消费者为优质食物的成本埋单，生产者才愿意生产优质食物，人们才能吃到更多的优质食物，才会少为医疗埋单。不仅要让食物生产者有利可图，还要让他们有体面的社会地位。食物是珍贵的，食物的生产者是尊贵的。让食物生产者过上体面的生活，给予食物生产者体面的社会地位，是保障食物消费者利益的基础。

工业文明高速发展带来的资源匮乏，百亿人口时代的即将来临带来的食物需求增长，都会导致食物资源短缺和食物成本提高。一旦食物短缺时代来临，其他行业生产者的利润，都会被迫给食物生产者让路，因为食物是人类生存的必需品。食物的可持续供给关系到人类的可持续发展，从谷贱伤农到谷贱伤民，这是一个负循环。如何让消费者多为好食物的成本埋单，少为房屋生产者的巨额利润埋单，构建资源配置的正循环，这不仅是经济学的重要课题，更是人类可持续发展的必做题。

（二）食者健康领域的应对

食者健康是指食物进入人体后，被人体利用并达到应有寿期的过程。食者健康领域是人类食事的主要领域之一，食者健康的食事问题是人类在利用食物并达到应有寿期的领域遇到的疑难和矛盾。

食者健康领域面临三个主要问题：

一是对食者健康学缺乏整体的认知。这些整体认知包括对食物性格的认知；对吃前、吃入和吃出"吃事三阶段"的认知；对食物品质、食物种类、食物温度、食物生熟、进食数量、进食速度、吃事频率、进食时节、进食顺序、察验食出等全维度吃法的认知；对食者体征和食者体构的二元认知，对缺食病、污食病、偏食病、过食病、敏食病、厌食病的认知以及对吃审美的认知等。上述关于食者健康的概念大多是新确立的，包括认知空白、认知错位，以及已有认知但未立学名等，因此，对这些新老问题普遍缺乏整体的认知。

二是食物浪费现象严重，尤其是在中等收入国家和高收入国家，零售和消费环节，即食物利用环节的食物浪费量通常较高，占浪费总量的31%—39%，而低收入地区为 4%—16%。

三是在食者健康诸方面数字技术利用不够，大数据、云计算、5G 等数字手段在食者体征、食物性格和吃审美等方面的应用还远远不够。

食者健康领域的应对，主要是食者健康正循环的应对。食者健康正循环，指的是消费者愿意为好食物埋单，从而促使食物生产者愿意生产好食物，并能够从好食物的生产上获利。所谓好食物是奢侈品，是指优质食物所具有的稀缺性和珍贵性。工业文明带来的食物稀缺性、珍贵性逐渐显现。

食物是非常重要的奢侈品。据联合国经济和社会事务部发布的数据，至 2020 年 7 月 11 日，世界人口，我们这个地球村的村民已经达到 77.95 亿人，预计 2050 年将达到 100 亿人①，百亿人口所需要消费的食物，已经临近"食物母体"能够承受的极限。食物母体的产能是有限的，随着百亿人口时代的到来，食物会变得越来越稀缺，那种貌似取之不尽用之不竭的情景，将会一去不复返。"百亿人口时代"与"食物稀缺时代"携手同行，扑面而至，人类的食物由丰富走向稀缺。

一方面，工业文明把合成物引入食物链，化肥、农药、激素等大量施用提高了食物的生产效率，为人类带来巨大的利益；另一方面，低质量

①　柳博隽：《反思 70 亿人口》，《浙江经济》2011 年第 22 期。

的食物欺骗了你的口舌，但欺骗不了你的肠胃，假的感官享受对身体的健康造成威胁。好食物需要高成本支撑。与其他奢侈品一样，好食物是需要更多的成本来支撑的，生产好食物要比生产一般食物增加许多成本。从这个角度来看，好食物与其他奢侈品有相同的属性。

好食物是满足肌体需求的。奢侈品应该分成两大类：一类是我们今天常识中的奢侈品，它们是满足心理需求的；另一类是好食物，它是满足身体需求的。由于身体健康存在是心理需求的基础，所以说好食物是人生第一奢侈品。人生很贵，健康无价，应享用好食物，莫舍本逐末。

除食者健康的正循环之外，建立正确的食物、人体的双元认知，普及科学全面的吃方法，建立食审美的五觉双元认知，正确认知和运用食病、食疗知识，都是食者健康领域的重要应对内容。

（三）食事秩序领域的应对

食事秩序是指食事的社会条理性和连续性。食事秩序领域是人类食事的主要领域之一，食事秩序领域的大食物问题是人类在食者健康领域遇到的疑难和矛盾。

食事秩序问题包括两个方面：一是食为矫正问题；二是食为教化问题。食为矫正问题，是指在纠正人类不当食事行为过程中出现的矛盾和疑难，包括食事经济问题、食事法律问题、食事行政问题等。食为教化问题，是指在食事行为的教育感化过程中出现的矛盾和疑难，包括食事教育问题和食俗的扬弃问题等。

食事秩序领域面临三个主要问题：

一是对食事秩序学冲突所涉及的相关问题缺乏整体治理，包括世界食事经济秩序冲突的整体治理问题、世界食事公约体系的整体构建问题、世界食事行政的整体治理问题。尽管各国各地区的经济发展、法律制度、行政手段、文化体系、宗教信仰、生活习俗等各不相同，但是，食事秩序的全球化性质决定了各国各地区只有携手合作，才能构建全面解决食事问题的整体机制。唯其如此,食事问题才可能得到整体治理。

二是缺乏对吃权的认知和践行。"人人需食,天天需食",消除饥饿,保障吃权,是人生存的基本权利。如何控制世界人口爆炸式增长?如何保障吃权?这些都是亟待解决的问题。

三是数字技术应用不够,包括在食物获取、食者健康和食事秩序三个领域诸多方面的云数据、云平台的建设与利用还远远不够等。

食事秩序领域问题的应对,主要体现在这样几个方面:食事法律问题的应对、食政管理问题的应对、食事教育问题的应对和食俗问题的应对。

首先是食事法律应对方面。进入文明社会之后,食物的生产、分配、利用是人类第一件大事,不可避免会出现各种矛盾,这就需要用食事法律来规范各种食事行为,让自己的食事行为受到他人普遍认可,同时保障自己的食事权利不受他人的侵害,通过法律的强制性来达到"定分止争"的目的。目前,食事法律领域缺少食事法律整体体系,同时也缺少世界性的食为公约体系。为了应对这一问题,食事法律方面今后有两项基本任务:一是要贯通生产、利用、秩序三大领域,实现全覆盖;二是尽快填补国际食法这一空白领域。

其次是食政管理应对方面。目前的食政管理体系存在主管部门管理领域偏窄和多头分管等问题。应对这些问题的关键是食政的拓宽,把食事的多头管理,变为统一管理。食政范围的拓宽,会带来食政任务指标的变化。当前对食政主管部门的考核指标只有一个半,即"一个食物数量+半个食物品质"。食政范围拓宽以后,考核指标将增加到三个:保障食物供给数量,保证食物质量安全,提高国民健康寿命。其中,第三个考核指标是核心。

再次是食事教育应对方面。教育领域的应对主要是从无到有地树立食者通识教育体系,从散到整地树立食业者教育体系。人类之所以出现如此纷繁错杂的大食物问题,食事教育不足是其中重要的原因之一。食事教育是人类生存、发展最重要的教育之一，其存在意义比语文、数学等通识教育都重要得多，因此必须进入学校课堂。食学进入通识教育后，当前学校教育和社会教育的许多学科，诸如生态、生物、生理、吃病、吃疗、营养、健康，以及食为道德、食事法律等课程的部分内容，都可以纳入它的体系。

最后是食俗领域的食事问题应对方面。面对人类几千年文明沉淀留下来的多如繁花的食俗，人类要学会扬优弃劣。其中优良食俗是食为教化的核心内容之一，其目的是用教化的手段来传承正确的食事行为，矫正不当的食事行为。优良食俗包括"礼让、清洁、节俭、适量、健康"等，这些食俗具有正能量导向，是人类食俗中值得大力发扬的部分。但是，人类目前对这些优良的食俗的发扬力度还非常不够。优良食俗的普及和深入，是应对食事问题不可或缺的、长期有效的重要手段。

四、大食物问题治理的三个维度

大食物问题的治理包括三个维度：个体治理、国家治理、全球治理。其中国家治理包括了个体问题，全球治理包括了个体问题和国家问题。不同维度面临的问题也不尽相同。

（一）个体治理

食事问题的个体治理，是指对食者个体身上存在的食事问题的治理。个体食事问题的主要冲突为食物与肌体内部的冲突，治理内容为对人类个体不当食为的认知与矫正，治理目标是解决人类个体的健康寿期问题。

食事问题的个体治理包括六个方面：一是树立全面的认知观，二是掌握全面的吃方法，三是预防吃病践行吃疗，四是远离陋俗减少食物浪费，五是摒弃非环保行为，六是控制个人生育。

一个个单独的个体组成了人类的整个社会。个体的食事问题位于整体食事问题的最底层，也是最基础的部分。解决食事问题，也必然从食事问题个体治理做起。

食者肌体是从食物的角度认知的人体。每一个食者肌体都是一个神秘的小宇宙，具有非常强大的自我修复能力、自我疗愈能力、自我适应能力、自我觉醒能力。人的肌体是一个不断变化的生命体，也是一个非常严密的系统，既有高度统一的群体共性，又有独具一格的个体差异性。

解析食者肌体，需要从体构和体性两方面进行双元认知。食者体构是从结构的角度对人体的解析。成人人体由639块肌肉、206块骨头构成，有上皮组织、结缔组织、肌肉组织、神经组织，有运动系统、食化系统、呼吸系统、泌尿系统、生殖系统、内分泌系统、免疫系统、神经系统和循环系统。其中食化系统在人体系统的运转中具有不可替代的位置。食者体性是从另外一个角度对人体的解析。食者体性是每一个人类个体所特有的身体属性，它不仅强调每个人类个体都是一个整体性的小宇宙，牵一发而动全身，还强调人是自然中的一分子，四季昼夜的变化，都与人类个体息息相关。

食物利用，是食物被人体摄入并转化的过程。在现实生活中，吃的功能可以分为吃养、吃调、吃疗三个不同的分类。吃养是指吃寻常食物，以维持生存与健康为目的；吃调是指摄入偏性食物（也称本草食物），以调理肌体亚衡为目的；吃疗是指摄入合成食物（也称口服药）和偏性食物，以治疗疾病为目的。它们虽然目的不同，但是原理相同，都是从口腔摄入，都是依靠胃肠等转化来维持健康生存。认清吃的内涵，把握三者的内在规律，是人类个体吃出健康的首要条件。

世界上的每一个人，都是一个独特个体，且这个个体每天每时都是变化的。换句话说，77亿个人，就有77亿个食物转化系统，没有一个是相同的。每一个人的肌体特征都是与众不同的，要想吃出健康长寿，就必须按照自己的身体特征选择食物、选择食法，而不是人云亦云，人吃亦吃。

（二）国家治理

食事问题国家治理是指在一个国度内对食事问题的治理。国家食事问题的主要冲突为群体内部的食事冲突，治理目标是实现本国的社会和谐。

国家层面的食事问题治理，其本质是一种食事秩序的治理。食事秩序是社会秩序的核心内容，是人类食事的条理性、连续性，是食事系统的条理性、连续性、效率性的动态平衡状态。食事秩序包含三项内容：一是食为与群体之间的社会秩序；二是食为与个体之间的肌体秩序；三是食为与他为之间的生态秩序。

国家的食事秩序包括两个方面，一是硬性的食事制约，二是软性的食为教化。

食事制约是指矫正人类不当食事行为的强制手段，强调的是强制性，主要体现在食事经济、食事法律、食事行政、食事数控等四个方面。食为教化即对人类食为进行教育和感化，包括食事教育和食为习俗两方面的内容。其目的是用教化的手段来传承正确的食事行为，矫正不当的食事行为。

国家层面的食事问题治理，主要包括五个方面：经济治理、法治治理、行政治理、教化治理、吃法指导治理。

（三）全球治理

食事问题全球治理是指在世界范围内对食事问题的治理。全球治理的主要冲突为人类食事与生态的冲突，治理目标是实现种群延续。

当今的世界复杂多变，充满着地区纷争、石油战争、自然灾害、流行瘟疫等各种不确定因素，种种不确定因素相互交织、相互作用，从一定程度上影响着全球的食事，带来了一系列全球性食事问题，如气候问题、粮食安全问题、饥饿人群问题、水资源问题、耕地沙漠化问题、食物分配问题等。从全球角度来说，当今人类食事秩序的最大痛点是不能有效地应对食事问题。

在食事经济方面，缺少食事经济整体机制。当前，世界食事经济秩序呈现"4+3"格局，即美国 ADM、美国邦吉、美国嘉吉、法国路易达孚四大粮商垄断世界食物交易，联合国粮食及农业组织（FAO）、世界粮食计划署（WFP）、国际农业发展基金（IFAD）三个联合国常设机构协调解决全球食物问题。目前四大粮商掌控全球 85% 以上的农产品贸易，控制了粮食从生产、加工、运输到销售等领域的主导权与定价权。[①] 联合国机构虽然担负调控、制衡使命，却无法从根本上改变这种不合理的食事经济秩序。而人们对于食事经济学的研究，多局限在国度范围内，虽有对国际贸易学、国际金融学的研究和学科设置，但都是站在一国视角研究他国的贸易和金融。从全球视角研究世界食物贸易、食物金融的著作几近空白，如此难免出现观念和数据的偏狭或误判，造成无尽无休的世界性食事问题。由此可见，人类社会还没有形成世界范围内的经济学体系，更没有形成世界范围内的食事经济学体系。世界食事经济秩序有待升级。

在食事法律方面，目前的食事法律大多是以国家或地区为单位制定的，无法应对人类所面对的重大食事问题。国际组织颁布的食事法律，一是数量不多，未形成体系；二是由于缺少强制性的管理和执行机构，所以世界性的食事法律建设多停留在制定层面，缺乏应有的执行强制性，难以发挥其应有的作用。由于缺少强制性的执行机构，这些世界性的法律甚至不能称为法律法规，只能以公约的名义存在。随着国家、地区间的合作与交流日益活跃，国际网络日渐紧密，许多以前没有出现过的问题和没有遇到过的纷争，都极有可能在千变万化的国际风云中突然发生。制定世界性的食物公约体系，是一个必须正视的世界性问题。

---

① 参见齐建华、莫里斯·包和帝主编：《世界粮食安全与地缘政治》，中央编译出版社 2012 年版，第 109 页。

在食事行政方面，目前食事的管理都是以国家或地区形式出现，既没有一个全球化的行政机构，更没有一个全球化的行政执行体系。虽然有联合国，但是许多时候联合国只是一个议政的地方，讨论问题的地方，并不具有实体性的行政权力。

步入 21 世纪，食事问题并没有因为新世纪的到来而减少。由于认知的错位和实践的偏差，反而延续了许多食事旧问题，同时也产生了许多威胁着人类生存安全的全球性的食事新问题，这必须引起我们的深刻反思。要想改变上述世界食事问题治理无序的状况，需从方方面面做起。从理论基础来看，食学从解决人类食事问题入手，建立了一整套对食事的整体认知体系，是认识和解决人类食事问题的一把金钥匙；从解决手段来看，切实发挥联合国的主导作用，建立一套世界食事经济体系和食事法律体系，是解决世界食事问题之必需；从解决工具来看，建立联通全球每一个角落的食联网，用高科技连接和管理人类食事，为解决全球食事问题提供了一个现代化的高科技武器。

五、大食物问题治理的三个目标

目标是人类做事想要达到的目的和标准。任何宏图伟业的达成，都要预先设定目标，大食物问题的治理更不例外。大食物问题的治理目标有三个：一是延长个体寿期；二是优化社会秩序；三是维持种群延续。

（一）延长个体寿期

大食物问题治理的目标之一是延长个体寿期。

据科学家的测算，哺乳动物的寿命约为生长期的 5—7 倍，如此算来，人的生长期为 20—25 年，预期寿命应该是 100—175 年，从当前人类的平均寿命来看，我们还远远没有活到哺乳动物应有的平均寿期。每个个体都希望健康长寿，这是人类生存最重要的诉求。同时，个体寿期的延长，有利于人类智慧的叠加，也是人类文明的高度表现。

吃事对于人类达到充分寿期有着十分重要的意义。长寿需要两个方面的支撑：生存要素和健康要素。其中生存要素有三项：氧气、食物和适宜的温度，缺少它们，肌体便无法存在；健康要素有六项：吃事、基因、环境、运动、心态和医事，缺少它们，人类不可能长寿，如图3-9所示。

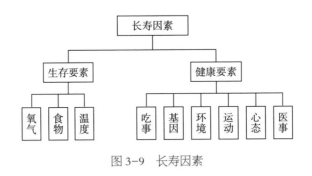

图 3-9 长寿因素

在生存三要素当中，食物供给不同于其他两个要素。氧气和温度依靠自然供给或有条件的供给，只有食物完全靠人类自身获取。食物在生存三要素当中占据着非常重要的地位。从主观行为角度来看，食物与人类生存的关系最为密切。在健康六要素中，吃事不仅占有一席之地，偏性食物和合成食物是医疗的基本手段，医事的一半也是依靠吃事来完成。

吃事是所有健康管理的基础，是所有健康管理的上游。吃在生存与健康两大领域都是至关重要的因素，吃与个体的寿期息息相关。食物与个体的关系主要体现在四个方面：一是构成肌体，个体肌体的大小强弱均和食物密切相关；二是生命能量，人体活动所需能量来源于食物；三是调理亚衡，疾病萌生期可用食物来调理肌体的亚衡状态；四是治疗疾病，食物可以治疗吃病，也可以治疗部分非吃病。另外，从更长的时间视角来看，食物是决定物种基因的重要因素。

人体可以按照生存状态分为健康、亚衡和疾病三个阶段。食学、传统医学和现代医学，对人体生存状态三个阶段的干预度是不相同的。现代医学主要干预疾病阶段，也就是人患上疾病的阶段，研究病理是为治疗疾病服务的；传统医学干预亚衡和疾病阶段，干预手段以介入治疗和药物治疗为主，吃疗是药疗的辅助手段；食学干预贯穿三个阶段。加强食学干预，强调预防疾病为先，追求延长健康阶段和亚衡阶段，缩短疾病阶段，这就是健康干预的"两长一短"法则，是使人更健康、更长寿的有效方法，如图 3-10 所示。

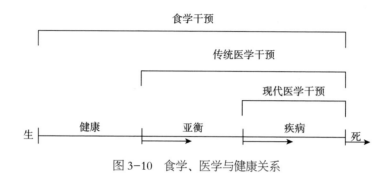

图 3-10　食学、医学与健康关系

对于人类健康而言，医只干预人的一段，食干预人的一生。医的干预是被动的，食的干预是主动的。食在医前，决定人类健康的，首先是食；医中有食，无论是传统医学还是现代医学，口服治疗都在 50% 以上，剩下的是非口服治疗，患者每天也要吃饭以维持肌体运转。所以说只有从食物和吃法着手，才能牢牢抓住健康的主动权，才能真正从以治疗为主转移到预防为主，才能把人类的健康寿命水平提高到新阶段。食物和吃法于健康的重要性，远远大于其他因素。

延长个体寿期，需要保障食物和数量供给。据联合国粮食及农业组织统计，2019 年全球谷物总产量为 27.15 亿吨，按当时全球总人口为 77.1 亿人计算，人均已经达到 352.1 公斤，但由于贫富差异、食物浪费、食物他用、不平衡、不充分问题十分严重，仍有 8.21 亿人处于饥饿状态。① 从全球的角度来看，保障食物供给至今没有得到彻底解决，突出表现在非洲

---

① 参见联合国世界粮食计划署（WFP）：《2020 年全球粮食危机报告》，2020 年 4 月。

和亚洲部分地区。保障处于饥饿状态的 8.21 亿人的基本食物供给，仍然是迫在眉睫的大问题。食物数量供给的保障有两个方面：一是食物的生产数量，这是一个硬道理；二是减少食物浪费，据联合国统计，人类每年有 1/3 的粮食被浪费掉了。

延长个体寿期，需要食物的质量安全保障。现代食物获取中食物质量威胁主要来自三个方面：一是被污染，二是被添加，三是被转基因。食物在生产、加工、运输等过程中的每一个环节都面临质量安全威胁。特别是工业革命以来，在食物生产效率大幅提高的浪潮下，农药化肥、饲料激素、添加剂等大量化学制品的使用，使食物的质量受到前所未有的挑战，严重威胁人们的饮食安全。食物的原生性是食物品质的一个重要指标。食物的驯化与加工都是逆原生性的，且生产链条越来越长。保障食物品质，要倡导短链，控制长链。

延长个体寿期，需要个体选择科学的吃方法。有了充足的优质食物，还要有优良的吃方法。吃方法不当，人类依然不能活到应有的寿期。食学的任务是要更好地指导人类科学地吃，不仅要吃出哺乳动物应有的寿期，还应吃出哺乳动物的最高寿期，这样才配称为动物中的"万物之灵长"，在这个领域还有很大的空间可为。随着食事问题研究的深化并为民众广泛接受和应用，人类平均寿命会达到 100—120 岁乃至更长。食事问题研究和治理，将为人类健康且长寿作出巨大贡献。人类平均寿期的延长，可推动人类智慧的积累与叠加，因此人类的智慧将得到更大的释放。

（二）优化社会秩序

大食物问题的治理目标之二是优化社会秩序。

人类社会，经历了一个由无序到有序，由小序到大序的发展过程。先后经历了三个历史阶段，第一个阶段是由人类诞生直至公元前 10000 年，可以说是以野获食物为标志的世界秩序，这一阶段的特征是世界秩序的点状化，人类只有族群内的小秩序，而在整体上并不相连，这是世界秩序 1.0 阶段。第二个阶段是由公元前 10000 年至 300 年前，可以说是以农业文明为标志的世界秩序。在这个阶段里，点与点之间因食物交流等因素联结起来，这一阶段的特点是片状化，但尚未形成区域化，这是世界秩序 2.0 阶段。第三个阶段是由 300 年前至今，是以工业文明为标志的世界秩序，这一阶段的世界秩序特点是由区域化走向全球化。工业文明带来交通的飞速发展，殖民主义带来区域秩序范式的输出，互联网等现代通信工具的出现，为世界秩序建设提供了有力的技术支撑，这是世界秩序 3.0 阶段。现阶段是以全球化为标志的世界秩序。这一阶段从今天延及未来。在这之前的世界秩序，是以部分群体及国家利益为出发点的世界秩序。观照世界每一个人利益的世界秩序，是世界秩序 4.0 阶段，即食业文明时代。人类因此步入世界秩序的新阶段，其特点是全世界形成了一个整体的运行机制。

　　食事秩序是奠定世界整体秩序的基石。持续获得充足优质的食物，是个体生存的最基本诉求。让每一个人都有获得食物的保障，这就是吃权。吃权是每一个人获得食物的权利，是人权的基础，是构建世界食事秩序的基础。通过约束与教化两种范式，构建一个观照世界上每一个人食物利益的食事秩序，是通向世界秩序 4.0 阶段的必经途径。换句话说，没有整体的世界食事秩序，就不会有世界秩序的 4.0 阶段。

　　随着人类科学与经济的发展，世界食事秩序的形成正在加速。如何积极主动地研究、控制这个系统，建立一个和谐公正的世界食事秩序，使食物的生产与分配更加均衡，从而减少各种因食物引起的冲突，使人人都能吃饱、吃好、吃出健康寿命，是大食物问题研究的一个基本目标。

　　世界食事秩序的建设，将掀起人类对食为系统的大反思、大变革，不仅会改变人们的食生活、食健康，还将改变全球经济格局、社会格局、文化格局和生态格局，从而推动世界秩序的正向变革与进化。

（三）维持种群延续

大食物问题的治理目标之三是维持种群延续。

食事与生态之间的种种冲突，是威胁人类可持续发展的重要因素，只有食事问题的有效解决，可持续发展才能实现。

威胁种群延续的因素有四个方面，即基因变异、生态灾难、资源短缺、科技失控。基因变异包括退化和改变，其中食物起着至关重要的作用。生态灾难包括自然灾难和人为灾难，其中食为灾难是人为灾难的主要内容。资源短缺包括食物资源短缺和非食物资源短缺，从生存的角度来看，食物资源远重要于其他资源。这个问题的另一个角度是人口膨胀问题，其本质依旧是食物资源问题。科技失控，是指在宏观和微观两个方向，科学的无限探索带来的不确定性和不可控性，威胁种群延续，如图3-11所示。

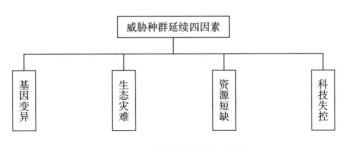

图 3-11　威胁种群延续四因素

人类的食物来源于生态，形象地讲，大地、水域是食物的母亲，阳光是食物的父亲。从食学的角度来看，人类对食物生态的干扰来自两个方面，一是食为干扰，二是非食为干扰。人类食为给食物母体带来的威胁，包括食物生产环节的过度开发、食物加工环节的污染物排放，包括人类食事对生物链的破坏等。这些都是造成食物母体生态失衡的重要原因。

控制人口增长，是保障食物母体系统可持续的另一个方面。一直以来，人口数量和食物供给的关系是相互促进的，丰足的食物会促进人口的增加，而人口数量的增长又提高了对食物的需求数量。人口问题，从来就不仅是社会学的就业与老龄化问题，人口问题的本质是食物的供需问题。21世纪人类总量将步入百亿级，当人口的数量达到食物母体系统所能承受的临界点时，就是极限，就是"天花板"。如何维持食物供给与人口数量的平衡，不能依靠传统的战争和瘟疫的被动方法，主动控制全球人口增长是维护种群延续的一个重要课题。

另外，食物短缺一直在威胁着人类的可持续发展。2018年，联合国粮食及农业组织在《粮食和农业的未来：实现2050年目标的各种途径》的调研报告中，曾就营养不良的人口数量前景，按照现行模式、层级化加强模式和可持续模式等三种不同的发展模式做出预测，结果是2030年营养不良的人口数量，在现行模式下接近6亿人；在层级化加强模式下接近10亿人；在可持续发展模式下稍高于2.5亿人，如图3-1所示。

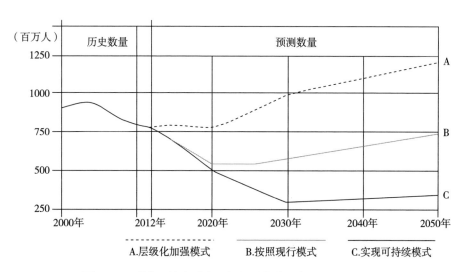

图3-12　联合国粮食及农业组织对营养不良人口数量预测

资料来源：联合国粮食及农业组织（FAO）：《粮食和农业的未来：实现2050年目标的各种途径》，2018年，第112页。

食事对于人类的种群延续是如此重要，它理所当然地得到世界各国和国际组织的关切。2000 年 9 月联合国提出"千年发展目标",八项目标中有六项与食事相关,它们是消灭极度贫困和饥饿;普及小学教育;促进性别平等,授权于女性;减少儿童死亡率;增进孕妇健康;与 HIV/AIDS、疟疾和其他疾病作斗争;保证环境的可持续性;实现发展上的全球伙伴关系。① 继"千年发展目标"之后,在 2015 年召开的联合国可持续发展峰会上,联合国 193 个成员国一致正式通过了 17 个可持续发展目标(SDGs),旨在从 2015 年到 2030 年,以综合方式彻底治理社会、经济和环境三个维度的可持续发展问题。在这 17 个目标中,有 13 个目标与食事相关。其中既有"零饥饿""清洁饮用水""保护海洋生态""保护陆地生态"这些与食事显性相关的目标,也有"应对气候变化""产业、创新和基础设施""负责任消费和生产"这些与食事隐性相关的目标。自 2016 年开始,可持续发展目标已经成为历届 G20 首脑峰会的重要议题。科技再发展、再进步,人类也无法整体离开地球这个美好家园。认真研究人类如何处理好与生态和谐相处,是长治久安之道,如图 3-13 所示。

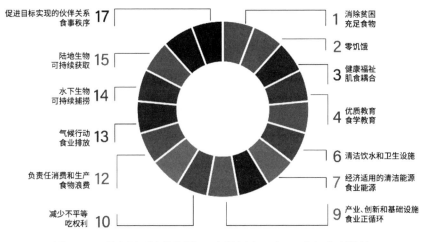

图 3-13　联合国可持续发展 17 个目标中,有 13 个与食事相关

---

① 参见 [英] 提姆·朗、麦克·希斯曼:《食品战争——饮食、观念与市场的全球之战》,刘亚平译,中央编译出版社 2011 年版,第 80 页。

六、大食物问题治理的两个标志

大食物问题是否治理完成，有两个明显的标志：一个是大食物问题是否得到全面解决，另一个是大食物问题是否得到彻底解决。

（一）大食物问题的全面解决

食事问题的全面解决，是食事问题治理完成的第一个标志。这里的全面有两层含义：其一是指所有食事领域的问题都得到了解决；其二是指解决的方法是全面的。

食事涵盖了食物获取、食者健康和食事秩序三大领域，食事问题也遍布在这三大领域。食事问题的彻底解决，是这三大领域的问题全部得到了解决，没有遗漏空白。

梳理我们身边的食事问题，起码包含以下各方面的问题：食母生态问题、野获食物问题、食物驯化问题、人造食物问题、食物加工问题、食物流转问题、食为工具问题、食物成分认知问题、人体认知问题、吃法问题、吃病问题、吃疗问题、吃审美问题、食事秩序问题、食为教化问题、食事历史问题等。食事问题得到治理和解决，就是上述诸方面的问题全部得到解决，一个不少，一个不缺。

食事问题是一个庞大的群体，也是一个你中有我我中有你、彼此相通彼此相连的整体。要解决它们，就必须从整体治理入手，构建食事问题的整体解决体系。只有整体解决，食业文明的大旗才能插遍地球的每一个角落，观照到所有地球村民的食者权利。

（二）大食物问题的彻底解决

大食物问题的彻底解决，是大食物问题治理完成的第二个标志。彻底解决即解决得深透、完全、无所遗留。

大食物问题的彻底解决，有以下九个指标：

一是食物数量得到保障。由于有效解决了大食物问题，人类不再需要依靠大量使用化学添加剂来提高食物数量的伪高效，且有效控制了人口数量，食物数量得到保障。

二是食物品质得到保障。由于有效解决了食事问题，原生性的食物得到推崇，绿色种养、绿色加工得到普及。高品质的食物虽然成了必需的"奢侈品"，但人们仍然乐于为它埋单。

三是食物可持续得到保障。由于有效解决了大食物问题，无论是食物获取还是食物加工，无论是对食物的利用还是对食秩序的管理，都与大自然和谐一致。食物的可持续得到保障，从而使人类的可持续也得到保障。

四是吃方法科学全面。由于有效解决了大食物问题，伴随着完整全面的吃方法指南的普及，地球村民人人掌握科学、全面的吃方法，各个懂吃会吃，会用掌握的食学知识管理自己的食行为，从而有效地保障了人类的健康与寿期。

五是吃病减少直至消失。由于有效解决了大食物问题，食物数量、食物质量均得到有效保障，人人掌握了科学的吃方法，缺食病、污食病、过食病消失，为个人和社会节约了大量的医药费；吃疗学的发展，让偏食病、敏食病和厌食病的患病率也大为降低。人类迎来了一个吃病不再猖獗的时代。

六是食物浪费得到有效抑制。由于有效解决了大食物问题，伴随着人们道德水平的提升，伴随着食物反浪费法律法规的制定和执行，得益于对食物获取、食物利用诸领域的统一管理，损失、丢失、变质、奢侈、时效、商竞、过食等七大类型的浪费现象消失，延续数千年的食物浪费陋习得到有效抑制。

七是食者数量得到有效控制。由于有效解决了大食物问题，食者数量被控制在一个科学合理的范围内，不会发生"人口爆炸"，不会因为人类自身的无序发展触及自然资源的"天花板"，不会伤及地球生态环境。

八是食者寿期充分。由于有效解决了大食物问题，食物质量得到有效把控，科学的吃方法得到广泛普及，人类平均寿期大大超过当今的七八十岁，达到 120 岁的理想目标，并向 150 岁的更高目标迈进。

九是食者权利得到普遍尊重。由于有效解决了大食物问题，食权利观照到地球村的每一位食者，人人有获取食物的权利，人人有分享食物的义务，不会有一个人因缺食致病，更不会有一个人因缺食而致死。

大食物问题的彻底解决之日，就是人类食业文明时代到来之时。

第四章　构建覆盖大食物问题的行政体系

食事行政简称食政。食事行政管理即国家对食物获取、食者健康和食事秩序的统筹管理。它涉及民力的调配、租赋的比例、土地的规划、水利的治理、集市的监管、灾害的应对等等。现代农业文明的阶段，食，食政更是一个包罗万象、兼容并蓄的交叉学科与事业。

从人类学的角度来看，食物获取导致了城镇、大都市和国家的出现。对食物的控制是权力的来源，历史上，贫与富、弱与强、衰与盛，"食"都起着决定作用，即使当代，"食"依然是衡量国力民力与现代化程度的一个主要尺度，对食物的控制与管理依旧是行政的重要内容。

当今的食事行政是以国度为单位的。历史上的一个基本规律是，国家有足够的粮食，人民不忍饥挨饿，国家便是稳定的、安全的，国力便强盛。反之，国家就面临动荡不安。由此可见，食为政首。无论是发达国家、发展中国家还是最不发达国家，这都是一条牢不可破的铁律。

纵观当今世界，许多国家实际上都面临着食物风险。食事行政管理体系是食事秩序的重要内容，食政优民、食业优先是 21 世纪人类面临的新课题。设立一个统管食为和食物的食事行政学，建立一个全球化的食事经济秩序，是食政 2.0 时代的新目标。

我国是有着 14 亿多人口的世界人口大国，实现全面小康社会目标，进而实现中华民族伟大复兴的中国梦，食的富足与安全都是最基本的要求，让人民吃饱、吃好、吃得健康长寿，都是须臾不可或缺的。这就更需要我们建立一套符合我国国情的、覆盖大食物问题的行政体系。

第一节　食事行政的沿革

公元前 3000 多年前，随着世界上第一个国度——古埃及的诞生，食事行政也随之出现。到目前为止，食事行政大致经历了吃权、农政、食政三个阶段。

一、吃权阶段

在食物较为匮乏的古代社会，吃事是一件影响国家长治久安的大事。那时，人们的饮食活动、饮食行为对政治形态有很大的影响，往往会脱离饮食本身的物质享受意义而向其他非饮食的社会功能转化。因此，古代社会的统治者会将饮食行为与国家统治相互联系。以中国为例，一个显著的特征是：具有政治意味的物化符号多与饮食器物、炊具有关系。比如皇家庆典和礼仪中的祭祀礼物主要是饮食器具和炊具，最为典型的当属"鼎"。它是权力的象征，帝王的尊严的象征。

鼎原为一种盛煮鱼猪牛羊等肉类食物的食具，经济实力雄厚的贵族人家，在吃饭时常列鼎鸣钟，被称为"钟鸣鼎食人家"。鼎也是一种礼器，用于祭祀或典礼时盛煮食物。到了夏禹治水时，曾铸九鼎以代表华夏九州，成为一匡诸侯、统治华夏立国的标志。从那时起，鼎开始从食器、礼器变成国家权力的象征。国家定都或建立王朝，被称为"定鼎"；图谋政权，被称为"问鼎"；国家庆典，也要"铸鼎"，以示国事隆重。

在吃权阶段，对吃事、吃权的重视，不仅是表现在以食具作为礼器和作为政权象征上，还表现在对官职的称呼上"宰相"是对中国古代君主之下的最高行政长官的通称或俗称。古代贵族家中最重要的事情就是祭祀，而祭祀最重要的事情就是要宰杀牲畜，当事负责宰杀的人主要是家中的管家，后来便将身份近似管家的人都称为宰。从此可以清晰地看出，食事在华夏文明当中具有重要的政治含义。

饮食、民生、政治，相辅相成，相互支撑，三者呈现一种三角结构。国以民为本，民以食为天。饮食决定民生和政治，粮食是一个国家的基础，没有好的饮食，百姓的基本需求得不到满足，国家就不能安定长久。

二、农政阶段

农政，就是以农业为中心的行政。这是世界多国都经历过的一个历史阶段。

以中国为例，中国是人口众多的大国，解决好吃饭问题始终是历史上治国理政的头等大事。先秦（公元前 21 世纪—前 221 年）时以后稷为农官，名为治粟内史。汉景帝（公元前 188—前 141 年）时更名大农令，汉武帝（公元前 156—前 87 年）时为大司农，东汉复称大司农。大司农在中央的属官有太仓令，主收贮米粟，负责供应官吏口粮并掌管量制，还有籍田令，负责安排皇帝亲耕，并掌管籍田的收获以供祭祀。[1]

在行政制度方面，农业在夏代（公元前 2146—前 1675 年）已占有重要地位；到了商代（公元前 1675—前 1029 年），农业已经是重要的生产部门；周人在消灭商朝成为全国共主之后，把代表土地的社神和谷神并称为社稷；春秋时期管仲推行变法，建立粮食储备立法；秦朝制定了《仓律》，对谷物入仓加以管理；西汉时，政治家晁错向汉文帝上《论贵粟疏》，建议以立法的形式明确国家粮食战略；隋朝（581—618 年）建立了中国古代最完善的粮食仓储制度；唐中期陆贽提议建立民间粮食储备。中国自秦朝一统之后延续了 2000 多年，其中一个非常重要的因素就是历代政府都强调重农抑商。

---

[1]　参见樊志民：《战国秦汉农官制度研究》，《史学月刊》2003 年第 5 期。

三、食政阶段

食政是食事行政的简称。食事行政是国家对食物获取、食者健康和食事秩序的一体化管理。

19 世纪中期到 20 世纪初全球进入工业文明时代。伴随着工业化、城市化、机械化大生产的到来，非农业人口的比例大幅度增长，劳动分工精细化、组织集中化、经济集权化是全世界的生产趋势。传统农耕文明向工业文明转轨，食物的产量不再是唯一被关注的焦点，原本在一个生产单位内进行的生产环节被分离为在多个独立的生产单位进行。科技不断发展，展现工业文明的农业成为食体系的引领和代表。

此时的农业部门，已经变成众多食事部门中的一个，食事行政权力开始分散。除了农业部主管食物的种植、养殖外，轻工业部下面的食品工业部门，还有卫生部、环保部、交通运输部、民政部、林业部、海洋局也都涉及食政的管理职能，食政体系最终形成分而治之的局面。这种权力分散的现状并不利于食物安全管理，因此，将农政升格为食政的呼声日起，食政是将所有与食相关的政府部门整合成一个国家食政机构，以便食事的统一管理，食事问题的统一应对。

人类发展到今天，农事、农业、农政已经远远涵盖、替代不了食事、食业、食政，或者说，"农"只是"食"的一部分，"农政"只是"食政"的一部分。如今，我们正面临着农业向食政的转变，这是人类历史的必然，也是核心所在。在一些国家，这种政府行政部门的改革刚刚开始，在更多的国家仍然是以农政为主的政体结构。我们相信，随着困扰我们的食事问题越来越多，随着人们对食事问题认知的深化，随着我们对解决食事问题手段的探索，食政时代一定会到来。

第二节　构建整体的食事行政体系

食事行政机构设置相对落后，食事行政管理功能相对分散，这是包括中国在内的世界上多数国家的食政现状，也是粮食安全、人口失控等食事问题产生的重要原因。为了更加科学、全面、有效地管理国家食事、食业，实现其治理体系和治理能力的现代化，应当整合现有的相关机构，组建统一的国家食事部门。这不仅是食政改革的必需，也是解决大食物问题的必需。

一、当今食政管理的弊端

相比于其他社会公共管理体系，食政管理的发展仍显滞后。当今世界，一些国家的食政管理仅仅是在"农政"传统体系上的延伸与拓展，职能上的交叉与权力的分散导致了管理效率的低下。中国对粮食和食品生产、运输、安全、进出口等食政行业采取分段式管理方式，涉及农业、卫生、质监、工商、食药、检疫等多部门。分段监管不可能对各部门职权精准拆分、无缝衔接。各个部门之间的职能既有交叉重叠，又有空白，缺乏整体协调。这种部门分散、权力分散、监管分散的状态，造成了食政乏力、缺位、低效，已经不能适应国家治理现代化的需要。

这种分散、分段的食政管理，还造成了食产效率高，但食用效益低，社会整体效益降低的弊病。传统农政的不足，是以追求食产效率为中心，忽视食用效益，造成食产与食用的严重分离。种植业滥用化肥、农药、除草剂，养殖业滥用激素、抗生素，各种追求"速生、速产"的"技术"泛滥。食产的"超高效"，是导致食品安全问题的一大根源，加之食品加工和餐饮业屡禁不止的不当添加等行为，食品安全问题严重威胁了饮食健康，从而降低了食用效益，其实质是背离了食产、食用的根本目的。

导致上述弊端产生的原因有两个：一是缺少食事行政对象的整体认

知，二是缺少对食政部门的整体治理。纵观世界食政历史，从局部管理向整体管理发展是总趋势。一方面，食物获取、食者健康、食事秩序三者应该是一个整体，缺一不可；另一方面，食者健康是中心，食物获取是为其服务的。但是在实际工作中，食事行政往往偏重于前者，忽视了后者，这也是造成食事问题丛生的一个主要原因。要解决这一问题，食事行政治理的体制和机制必须得到改变。

二、从小食政向大食政转变

工业革命以来，追求食产效率成为人类的优先目标，其结果是，"粮食安全"问题虽然得到缓解但尚未根本解决；与此同时，"食品安全"问题却又日益突出，人类食事陷入"两个安全"自顾不暇的泥潭。

要想彻底解决"食物安全"和"食品安全"问题，要想实现人民群众饮食健康水平整体提高，只抓食产是远远不够的，要把食产、食用、食相当成一个整体，一个系统，把它们统筹管理起来，那样才能抓住事物的本质。从国家治理层面来看，需要拓宽食事行政范围，由"农政"向"食政"转变，从小食政向大食政转变。这是 21 世纪人类食事行政的必由之路。

事实上，近一二十年来欧洲等少数国家已经开始了由"农政"向"食政"的过渡，总的趋势是从分散走向集中，从部分走向整体。政制的设置需要与时俱进，为了更加科学、全面、有效地管理国家食事、食业，实现其治理体系和治理能力现代化，整合现有的相关机构，组建统一的国家级别的食政机构，建立起符合当今食情的"新食秩序"。这对于有效解决粮食安全、食品安全问题，对于挖掘各种食产和食用资源的效益，对于提高人民的健康水平、促进人均寿命的提高，都有十分重要的意义。

三、建立统一的国家食政管理部门

人类的食事是一个不可分割的整体，由"农政"向"食政"的变革是一个不可逆转的历史趋势。为了更加科学、全面、有效地管理国家食事、食业，实现其治理体系和治理能力的现代化，应当整合相关机构和资源，组建统一的国家"大食政"机构。这种整合和组建，可以按照"一个转变""三个目标""两个统一""三个阶段"的路径来推进。

一个转变是由"农政"向"食政"转变。农政是以食产为中心的，是建立在保障粮食等食物数量的基础上的。工业革命以来，农政体系建设得到了加强，并发挥了积极作用，人类的食物供给得到了较大改善。然而随着人类社会近50年的快速发展，农政体系难以跟上社会前进的步伐，其不足越来越显现出来。农政的本质是以食产为中心，而这种以生产为中心的行政体系，是一种数量效率导向，当其效率超过一个限度时，则适得其反。我们现在遇到的种种大食物问题，仅仅依靠农政是解决不了的，必须转到以食物利用为中心、以民众的健康和寿期为考核点，使食产、食用、食相三者形成一个整体，方能实现人类社会的可持续。由"农政"向"食政"的转变，是21世纪人类食事行政发展的大趋势。

三个目标是保障食物供给数量、保证食物质量安全、提高国民平均寿命。保障食物供给数量，也被称为"粮食安全"，解决的是"够吃"问题，这是一个基本目标。保证食物质量安全也被称作"食品安全"。这个问题近二三十年来日益突出，劣质产品泛滥，威胁人类健康。在当前分段监管的行政体制下，食品安全"摁倒葫芦起来瓢"，根本办法是对食事和食业实行统一管理。国民人均寿命提高，解决的是"吃出健康"的问题，这是食政的根本目标。这个目标不实现，其余两个目标也就失去了意义。我们应该树立这样的信心：用30年左右的时间，让中国人的人均寿命名列世界前茅。科学的食政管理体系可以为此作出比较大的贡献。

两个统一是食物获取效率和食物利用效率的统一，食事行政效率与社会整体效率的统一。食政体系改革的核心是食事效率，包括食物获取效率和食物利用效率两个方面，还会影响到社会整体效率。提高食事行政效率，要遵循"两个统一"的原则：一是食物获取效率和食物利用效率的统一，也就是说不能只追求食物获取效率而不顾食物利用效率。否则食物数量保障了，食物质量却下降了。二是食事行政效率与社会整体效率的统一，也就是说不能只追求食物获取效率而不顾社会整体效率，也不能只追求他事效率而忽视食事效率。食政效率不是孤立的，它关系到社会整体效率。

社会效率是指时间单位社会整体民众劳动量与民众闲暇时间的比值。食事效率是社会效率的核心内容。科学、统一的食政应该有利于社会整体效率的提高，而不是降低社会整体效率。由于今天的社会劳动，有50%以上是食事劳动，所以食事效率的提高，将大幅提高人类社会运转的整体效率。这主要体现在两个方面，一是减少因"吃病"而增加的巨额医疗费；二是减少因"食灾"而增加的巨额环保费。

食政范围拓宽是一个艰巨的大工程，不可能一蹴而就，要符合国家的实际国情。在推进过程中，可以分为统管食物获取、纳入食者健康管理、纳入食事秩序管理三个阶段来实施。

第一阶段是统管食物获取阶段。现代食物的生产是一个多环节的有机系统，目前这个系统呈现为分割状态，这是制约食政效益的一个重要根源。对所有与食物获取相关的行业进行统一管理，对与食物获取相关的职能管理部门进行系统整合，这是食政改革的关键一步。

第二阶段是纳入食者健康管理阶段。食者健康是食物利用效率的体现，食物的利用过程，即人们摄入食物维持生命健康的过程。从本质上看，"产"是为了"用"，我们不能一味追求食生产的效率，而不顾食利用效益，舍本逐末，缘木求鱼。把食生产和食利用统一起来管理，才能既管出粮食安全，又管出食品安全，最终实现提高国民健康水平和平均寿命的目标。

第三阶段是纳入食事秩序管理阶段。食事秩序是食学三角不可或缺的组成部分，包括食事经济、食事法律、食事行政、食事数控这样的硬性制约，也包括食学教育、食为习俗这样的软性教化，还包括野获食史、驯化食史这样的借鉴性、导向性的板块。将食事秩序纳入食政改革，可以使改革的范围更广，层级更深，力度更大。

从具象的部门设置来说，新的食政机构可以按照食学的分类，设置国家级别的食事部，以下分设食物母体管理局、食物野获管理局、矿物食物管理局、食物种植管理局（含食物培养）、食物养殖管理局、人造食物管理局、外食业管理局、食品加工业管理局、饮品加工业管理局、食物流转管理局、食为工具管理局、吃事管理局、吃病吃疗管理局、食事经贸管理局、食事法规管理局、食事数控管理局、食事教育管理局、食事监督管理局等司局单位，如图4-1所示。这样，将所有与食物有关的事务均纳入食事管理部门，统一高效进行管理，同时也可在信息平台的统一建设上为及时预防大的食品安全问题或科学预测食品未来发展方向问题上提供有力的数据支撑。对于食母环境的保护问题也不再是有心无力、缺乏针对性和积极的应对措施。

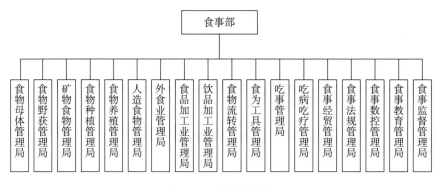

图4-1 食事部设置

"食"是件大事，关系到国计民生，关系到种族兴衰、国家兴衰。食政体制改革创新的意义是不可低估的，需要以大思路、大决心、大气魄，搞好顶层设计，抓住时机，及早推进。

第五章　构建治理大食物问题的法律体系

法律是由国家制定或认可并以国家强制力保证实施的，反映由特定物质生活条件所决定的统治阶级意志的规范体系。法律最突出的特征是它的强制性。

食事法律简称食法，是指强制规范食事行为的约定。食事法治，是指利用法律手段，对不当的食事行为给予强制性规范。

自人类进入文明社会以来，其食事行为的规范离不开法律手段。在食事系统中，食物生产、分配、利用是人类第一件大事，不可避免会出现各种矛盾，人们如何让自己的行为得到普遍认可？如何对他人的侵害进行抵御？这就要求制定约束规则，以规范各种行为，达到"定分止争"的目的。于是，食事法律便应运而生了。

就多数国家而言，在国家食事法律层面，目前存在的问题有两个：一是在生产、利用、秩序三大领域之内，没有实现全覆盖；二是生产、利用、秩序三大领域之间，没有实现全贯通。实现食事领域的完全覆盖、完全贯通，是完善国家法治的方向。

第一节　食事法律的沿革

法学是一门古老的学科，食事法律是法律体系中重要的组成部分。按历史阶段，人类食事法律学可以分为三个阶段：第一个是食法启蒙阶段，第二个是食法建设阶段，第三个是当代食法阶段。

一、食法启蒙阶段

诞生于公元前 18 世纪中东地区的《汉谟拉比法典》，是迄今世界上最早的一部较为完整地保存下来的成文法典。法典中就有对当时人们食为进行规范的法律条文，如"如果任何人开挖沟渠以浇灌田地，但是不小心淹没了邻居的田，则他将赔偿邻居小麦作为补偿"。

此外，亚述语碑文曾记载正确计量粮谷的方法；埃及卷轴古书中也记载了某些食品要求使用标签的情况；古雅典有检查啤酒和葡萄酒是否纯净和卫生的规范；罗马帝国则立规进行食品控制，以保护消费者免受欺骗和不良影响；中世纪欧洲的部分国家，已制定了鸡蛋、香肠、奶酪、啤酒、葡萄酒和面包的质量和安全法规；中国自汉代开始，有了食品安全监管的法规。

二、食法建设阶段

19 世纪下半叶，世界上第一部食品法规生效启用，基本的食品控制系统初步形成。1897—1911 年的奥匈帝国时期，通过对不同食品的描述和标准的收集发展形成了奥地利食品法典，尽管其不具备法律的强制力，但法院已将其作为判定特殊食品是否符合标准的参考，现今的食品法典就是沿用奥地利食品法典的名称。

1960—1961 年是食品法典创立过程中的里程碑。1960 年 10 月，联合国粮农组织欧洲区域会议明确达成共识："有关食品限量标准及相关问题（包括标签要求、分析方法等）是保护消费者健康的一种重要手段。确保质量和减少贸易壁垒，尤其是要迅速形成欧洲一体化市场的发展趋势，都希望早日达成国际一致的意见。"1962 年，联合国和世界卫生组织召开全球性会议，讨论建立一套国际食品标准，指导日趋发展的世界食品工业，从而保护公众健康，促进公平的国际食品贸易发展，并成立了食品法典委员会。此后，食品法典委员会颁布了《食品添加剂通用法典》。

1972 年，联合国召开第一届联合国人类环境会议，提出了著名的《人类环境宣言》，这是环境保护事业引起世界各国政府重视的开端。此后各国加强环境立法。1974 年，联合国粮农组织提出"食品安全"的概念，通过《世界粮食安全国际约定》，提出食品应当"无毒、无害"，符合应当有的营养要求，对人体健康不造成任何危害。在此之后，各国分别颁布了一系列规范食品安全的法律条文及相关要求。

三、当代食法阶段

从国家层面来看，食法发展至今，在发达国家已形成了涉及面较广、较为缜密全面的法律系统。

目前，美国食品安全和卫生的标准大约有 660 项，形成了一个互为补充、相互独立、复杂而有效的食品安全标准体系，包括 100 多部重要、完善的农业法律和许多调整农业经济关系的法律。食品加工方面，美国标准众多，700 多家标准制定机构已制定了 9 万多个标准，用以检验检测方法和食品质量标准。食品安全方面，有相关标准 660 余项。第二次世界大战后，日本制定了 200 多部配套的农业法律，其中食物生产法律 114 部，农业经营类法律 50 部，农村发展类法律 45 部，其他类食法律 38 部。农产品已有了 2000 多个质量标准。营养方面，日本已颁布 10 多部法规，以《营养改善法》和《健康增进法》为基本法，其他营养法律配套，形成完整体系覆盖全社会。到目前为止欧洲已发布 300 多个欧洲食品标准，德国大约有 8000 部联邦和各州的环境法律、法规。

作为发展中国家的领头羊，中国的食法也经历了一个由少到多、由封闭到与世界接轨的发展阶段。中国改革开放后，出台了 20 多部农业法律，涉及食品的法律、法规、规章、司法解释以及各类规范性文件等 840 篇左右，已发布食品标准近 3000 项。中国的食品安全标准已经与国际社会接轨，有 30 多部有关环境保护的法律，1300 余项国家环保标准。①

就多数发展中国家和最不发达国家而言，目前食法方面还存在着许多问题，其中主要的有两个：一是在生产、利用、秩序三大领域内部，没有实现全覆盖，有缺项有空白；二是生产、利用、秩序三大领域之间，没有实现全贯通，导致法规不统一，执法掣肘，管理分散。

从各国、各地区食事法律的现状来看，食事法律处于一种由少到多、由粗到细、由不完备到相对完备的发展局面。但是从国际层面来看，食事法律又处于不统一、分散、各自为政的状态。食事法律大多是以国度为单位分别制定的，法律条文并不一致，给国际间的诠释和执行带来困难。

第二节 食事法律体系

食事分为食物获取、食者健康和食事秩序三个方面。食事法律的体系以法律涵盖的领域分类，可分为食物获取法律、食者健康法律、食事法律三个分支。其中食物获取法律是对食物获取领域的一种强制性规范，食者健康法律是对食者健康领域的一种强制性规范，食序法律是对食事秩序领域的一种强制性规范，如图 5-1 所示。

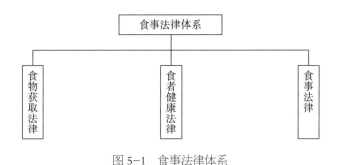

图 5-1 食事法律体系

---

① 参见《中国已经发布大量涉及食品安全的国标和行标》，《轻工标准与质量》2007 年第 6 期。

一、食物获取法律

食物获取，是指人类获取食物与加工食物的方式。食物获取是人类食为的重要内容，食物获取法律是对食物获取领域的一种强制性规范。

食物获取是人类最为古老的行业之一，食物获取法律也是人类最早出现的成文法律。食物获取法律的特点是多而全，几乎涵盖了人类食物获取的方方面面。例如，在食物母体保护、食物采摘、食物狩猎、食物捕捞、食物采集、食物种植、食物养殖、食物培养、合成食物、食物烹饪、食物发酵、食物碎解、食物贮藏、食物运输、食物包装、食为工具等领域和行业，都有自己的相关法律。

食物获取法律的突出问题是法出多门，尤其在各地方、各部门制定的法规方面，缺少互动与统一。

二、食者健康法律

食者健康是食物利用效率的体现，食物的利用过程，即人们摄入食物维持生命健康的过程，是人类食为的重要内容，食者健康法律是对食者健康领域的一种强制性规范。

食者健康强调每一个食者的个体差异性，强调进食要适应每一个人的食化系统。这种个体性，导致了食者健康法律的观照度不够。

达成食者健康的要素十分复杂，由食者、食物、吃法、吃病、吃疗、吃审美六个要素组成，相互间的关系错综复杂。这种复杂，也容易造成食者健康法律的缺位与错位。

从食者健康法律的重要性来说，食者健康是食物获取的目的，是食学三角的顶角。但是从总体来看，和食物获取领域的法律比较，食者健康领域的法律不仅数量少，而且覆盖不全，有很多空白。例如，食物获取领域的浪费让人触目惊心，但是迄今为止，还没有一部全球性关于反对浪费的法律。因此，加大食者健康法律的研究力度，呼吁更多更全的食者健康法律出台，是食者健康法律面对的两项现实又紧迫的任务。

三、食序法律

食序是食事秩序的简称，指的是食事行为的条理性和连续性。食序法律是对食事秩序领域的一种强制性规范。

食事是万事之首，食事秩序是人类秩序的最初形态，也是一切秩序的基础。只有树立起规范的食事秩序，人类社会才能实现可持续发展。食事秩序的建立和巩固需要硬性制约和软性教化两方面的内容，因此食事秩序法律的制定必不可少。食序法律包含三项内容：一是维护食为与群体之间的社会秩序法律；二是维护食为与个体之间的肌体秩序法律；三是维护食为与他为之间的生态秩序法律。食事秩序法律涉及食事秩序的方方面面，如食事行政法、食事经济法、食事数控法、食学教育法等。这些食事秩序法律，有的已经设立，有的还是空白，有的已经成为共识，在多国多地通行，有的只是个别国家的法律行为，例如《食育法》，只是在日本一国制定实施，在更多的国家还属于空白。

第三节 制定整体的《食事法典》

当今社会发展到数字化、信息化、智能化的阶段，一方面需要反省自身，找出因为科技的飞跃发展而不自觉产生的人类与自然环境不断疏离的地方；另一方面也有条件、有能力走出行业的畛域与产业的界限，超越思想的窒碍与观念的局限，从根本上解决人类的食物供给与利用问题，这就是构建一部整体的《食事法典》。

《食事法典》不仅仅是针对当今食事法律自身的不足，进行一种补充性的修正，也并非将各国已有的食事法律进行整合统一。《食事法典》是以食物利用为核心的一部法典，它涵盖食物的全产业链，而归之于对食物的吸纳与利用。这样一部《法典》旨在从整体上解决人类食事在法律范围内的矛盾和冲突，以食者的福祉为出发点，能够规范食业文明、引导食政发展，最终形成指导人类从事食物获取与利用的原则性文献。

在这样一部《食事法典》尚未诞生以前，国家层面应当做好以下几方面的工作：填补空白的食事法律，修正错误的食事法律，更正错位的食事法律，合并重复的食事法律，在经济全球化背景下推动整体的《食事法典》的构建。

一、填补空白的食事法律

食事法律的空白是指在某一领域某一行业或某一方面，缺少相应的食事法律。

例如在食物浪费方面，据联合国提供的资料，当今全世界每年浪费的食物高达 13 亿吨，约占粮食生产总量的 1/3。其中每年富裕国家消费者浪费的食物达到 3 亿吨，超过了撒哈拉以南非洲国家的粮食生产总量，足以养活全世界近 9 亿的饥饿人口。在欧盟诸国，每年大约有 8920 万吨食物被浪费。其中英国每年的食物浪费总量达 1430 万吨、德国 1030 万吨、荷兰 940 万吨、法国 900 万吨、波兰 890 万吨。不仅发达国家存在严重的浪费食物现象，发展中国家也同样存在。据统计，在发展中国家，发生在收获后和加工过程中的食物损失，超过 40%。面对如此严重的食事问题，相当多的国家却缺少反对、打击食物浪费的法律法规。

又如在禁止滥捕滥吃野生动物方面，目前世界上有 100 个以上的国家制定了相应法律，但是也有 100 多个国家还没有制定这方面的法律。法律的空白，致使对野生动物的保护无法可依。相较于野生动物，禁止滥采滥吃珍稀野生植物方面的法律则更是少之又少。

再如网络食品售卖监管方面，由于网购食品大多没有实体店铺，主要是通过网上下单和快递运输，这种经营模式使得其品质保障、经营监管和责任承担都比一般的食品要复杂。目前法律对网络食品规定非常少，已经不能完全适应日新月异的网络食品交易现实。

近年来，美国、加拿大、日本等国，以对食品从农田到餐桌的生产经营全过程实行管理为主线，以保护国民健康为第一先决条件，相继出台了食品安全法。但对于部分发展中国家和最不发达国家来说，食品安全法律法规体系却无法覆盖食品产销的全过程。那些在国际上获得认可的食品安全的法律原则和制度，如整体性原则、预防性原则、风险分析原则、可追溯原则等，并没有贯穿于现有的食品安全法律法规体系中。这也是一种食法的空白与缺失。

全面填补食事法律法规的空白，是食法治理工作的一项重要内容，关系重大，刻不容缓。

二、修正错误的食事法律

错误的食事法律是指食事法律条文内容出现了不正确的地方。

错误的食事法律的产生有两种原因：一种是由于认知偏差，在制定当初就出现方向或具体内容的差错；另一种是在当初条件下并没有错误，之后随着客观情况的变化，法律法规的条文与变化了的客观情况已经不相适合，产生了必须修改的偏差。

在 20 世纪 50 年代，由于对保护生态、保护野生动物认知不够，在中国曾出现过一批鼓励支持毁林造田、毁草造田、围海造田、围湖造田的政策条文。这样的政策条文，肯定是错误的，要从法律上进行修正。

还有一些法律法规在制定时与当时的情况相符，但是随着时间的推移，其条文已经落伍，例如中国的标准化法从 1989 年开始实施，至今已过去 30 多年，无论是国际还是国内，"标准"的形势早已发生变化，但迄今为止，新的标准化法仍未出台。在食品加工行业，现行食品安全标准 10 年以上标龄的占 1/4，个别甚至已超 20 年未修订，造成了食品标准落后。

错误的食事法律后果严重，它会对食事秩序带来反向导向，会让守法者产生困惑，给执法带来误导，因而属于必须修正之列。

三、更正错位的食事法律

错位的食事法律是指食事法律的针对对象、应用范围有误，没有出现在应有的位置。错位的食事法律会导致法不对位，降低或抵消食法应有的制约效果。

错位的食法问题不等同于空白的食法问题。两者的区别是：空白的食法问题是由于对某个食事领域的认知空缺，没有产生相应的法律；错位的食法问题是虽有法律，但是其对象和应用范围存在方向偏离，执法效果差，甚至南辕北辙，文不对题。

食事法律错位主要表现在对隐性食事问题的法律应对上。例如人口控制原本是食事行政问题，却被认为是食事经济问题，错误地以食事经济法律法规应对。

食事法律错位的原因是认知上的短视，即只看到食事问题的表层现象，没看到深层原因，只看到显性的食事问题，没看到隐性的食事问题。这种依据表层现象制定的法律法规，表面看有法，实际上不能给维护食事秩序带来多少帮助，所以必须给予对位治理。

四、合并重复的食事法律

重复的食事法律是指食法尤其是其中的食事法规政出多门，内容重叠，既浪费了宝贵的人力物力资源，又降低了食事法律的权威。

重复的食事法规的出现，来源于食政部门设置的重叠。以中国为例，由于对食物的监管权分别属于农业、卫生、质监、工业加工、海关、工商管理等政府部门，致使上述部门分别从各自工作需要出发，制定各自的食品安全标准，导致了对同一食品有不同安全标准，同一检测项目有不同限量值要求的现象发生。由于上述部门均属国家政府部门，食物生产、加工、销售企业往往无所适从。

以行政区为界，层层设置自己的食法标准，也造成了大量的食法重叠现象。仍以食品标准为例，有国家标准，有省级标准，有地区标准，有县级标准，有行业标准，还有企业标准。这样层层设标，也造成了食事法规重叠。食事法规政出多门，有些法规的内容欠统一，此地的法律规定，到了彼地不一定通行。好的食事法律应该是全球统一的食事法律，起码要做到一国之内的食法统一。

五、构建整体的《食事法典》

虽然人类的饮食偏好、文化风俗与宗教信仰各不相同，但对于清洁干净、有助成长、质量上乘的食品的追求与愿望是一致的。由此，营养学专家、立法专家、农业专家等应通力合作，从食物的来源到生产到流通到消费到释放，整体地构建一部《食事法典》，它应涵盖统一的价值标准、科学的生产流程、明确的行为规范等。

完整的食法体系由三部分构成：食法立法体系、食法执法体系和食法监督体系。人类的食事纷繁复杂，完整的食事法律，必然是一套卷帙浩繁、包罗万象的大部头著作。因此，对食事法律的认知不能仅仅停留在食物和吃法两个维度上，还必须包括食物获取、食者健康和食事秩序的方方面面。也就是说，要用整体的观点认知食事法律。任何局部的、单一的、割裂的、片面的认知都是有悖于食学学科体系的，也是有所欠缺的。

当今在食法立法时存在的一大问题，就是缺乏整体体系。比如，食物获取领域的法律，通常只立足本领域的立场，不会考虑到食者健康领域和食事秩序领域的需求。已经出台的食事法律，大都没有从食物获取、食者健康和食事秩序这三个方面进行全方位、全角度、全覆盖式的制定，而是零散的、无关联部门各自制定的法律法规，导致各部门制定的各个法律法规之间缺乏衔接，难以协调，甚至相互矛盾，难以有效执行。

困扰着我们的食事法律问题之所以长期难以解决，很大程度上是因为法律条文在内容上缺乏整体观。构建食法的整体体系，就必须注意食法由散到整的治理，扭转食法呈散乱状的治理现象。要让食事法律法规整合起来，形成闭环，以确保法律体系的完整、系统，并便于执行。《食学》一书中将食事划分为 3 个领域 13 个范式，强调这 3 个领域 13 个范式的整体性和彼此间的关联性。以这种视角理应对食事法律的制定会有所裨益。

在食法执法和食法监督两个环节，也必须注意执法和监督的整体性，避免那种"铁路警察各管一段"的弊病。只有在立法、执法和食法监督三个环节都做到了整体，才能说食法的整体体系构建成功，食法问题得到了全面治理，人类整体的《食事法典》的构建成功也才能看到希望。

第六章　构建应对大食物问题的教育、研究体系

食为教化是指对人类食为进行教育和感化，包括食学教育和食为习俗两方面的内容。其目的是用教化的手段来传承正确的食事行为，矫正不当的食事行为。

食学教育，包括围绕整个食学体系全部内容的教育，是食学体系建设的重要一环。食学教育是对人类食事行为的教育，是关于人类食识的教育。食学教育可分为食者教育和食业者教育两个方面。食业者即食业的从业者，食业者教育是针对这一群体开展的教育。食者指所有人，当然也包括食业者，食者教育主要从食物利用的角度展开。对食者的教育，关乎人类健康。食者教育应该成为素质教育中的一个重要组成部分，纳入整个国民教育体系，要进入幼儿园、小学和中学课堂，普及食学知识，提高人类健康水平。食业者教育已较为普遍，但食者教育还处于一个初始阶段。当今人类各种吃病的产生和蔓延，说明了食者教育的力度还很不够。

长期以来，在有关食事活动与行为的教化、教育中，我们更为关注于食业者的职业底线教育与专业技能培训，但对于食者，也就是食业者的服务对象的行为规范与应有的食为礼仪关注明显不足，对食者的教育缺乏科学的理论体系和社会实践。

推广和普及食学教育，将成为人与自然、人与社会和谐发展的最佳结合点，成为社会文明进步的标志，必将给人类历史的发展产生深远影响。

第一节 食者教育体系

食育是食学教育的简称。食学教育是指针对人类食事行为的教育，即关于人类食识的教育。食育可分为食者教育和食业者教育两个方面。

食者即具有摄食能力的自然人或群体。食者教育是针对所有食者进行的一种食学教育，对人类的健康长寿具有十分重要的意义。食者教育要从未成年教育抓起，让人从小建立正确的摄食观，培养科学的摄食习惯，并贯穿食者终生。当今食者教育还处于一个初始阶段，除了极少数国家外，还没有成为人类的通识教育。

一、食者教育现状

食者教育源远流长，最早出现的食者教育是一种体验式的教育，即施育者不是通过课堂、课本教育，而是通过家庭、劳动场所进行经验传授式的教育。中国自古以来就有类似"食育"的思想，公元前 2 世纪典籍《礼记》有云："子能食食，教以右手。"这反映了中国传统食学教育家庭教育模式。另外从《黄帝内经·素问》对吃疗吃补的阐述中，从《朱子家训》对"饮食约而精，园蔬愈珍馐"的论述中，以及从"上床萝卜下床姜"等饮食养生谚语中，都可以看出古代食者教育一般都是通过对食物利用过程中的经验记录、研究，对健康饮食的理念进行传播。

1896 年，日本明治时代学者石塚左玄提出"食育"一词，食者教育进入了现代教育阶段。"食育"是日本独特的教育理念，泛指以"食物"为载体的各种教育方式。食育包含感恩、环保、卫生、劳动、协作等各个层面。2005 年，日本颁布了《食育基本法》，这是世界上第一部规定国民饮食行为的法律。日本更是在国家主导下开展了全国范围的食育推进计划，取得了令世界瞩目的成绩。每年 6 月是日本的"食育月"，每月 19 日为"食育日"。至 2012 年，日本学校营养教师数量达 4262 人，覆盖全国

47 个都道府县。

欧盟国家并未像日本那样形成明确的食育法，但是它们有较为完善的食品安全立法体系、食品法规等，涵盖了"从农田到餐桌"的所有食物链。同时由于其相关食品安全机构的协调配合，以及合理的运行机制，使其拥有了其他国家无可比拟的优越性。而法律法规体系的完备也是推广和保证饮食教育的重要组成部分。

英国教育部的具体课程规定，全国各公立中学必须开设烹饪课，面向 11—16 岁的中学生，总学时不少于 24 小时。学生将从这门课中了解到各种食物的基本成分和营养指数，熟悉如何烹饪才不会减损食物的营养，掌握基本的营养午餐搭配，能独立制作一份营养餐。

在美国，越来越多的学校开始采购更多的当地食物，并为学生提供强调食物、农业和营养的配套教育活动。这项全国性活动丰富了孩子的心灵，强壮了肌体，同时支持了当地经济，被称为"从农场到学校"运动。该运动包括动手实践活动，如学校园艺、农场参观、烹饪课等，并将食物相关的教育纳入正规、标准的学校课程内容。

2022 年，中国教育部正式印发《义务教育课程方案和课程标准（2022 年版)》，将劳动从原来的综合实践活动课程中完全独立出来，并发布《义务教育劳动课程标准（2022 年版)》。其中就包括烹饪与营养课，要求学生参与家庭烹饪劳动，让学生充分了解科学膳食与身体健康的密切关系，增进对中华饮食文化的了解。

由于现代科技和食品工业化、商业化的超速发展，食物和食品安全的问题已成为人们普遍关注的焦点，食育不再限于食业者领域为专业人士所独有，食者教育应该成为以全民为对象的从小抓起的通识教育。可惜的是，在当今世界，只有极少数国家和地区将对食者的教育纳入正规的教育单位和教学单元。

食事是与每一个人相关之事，它不仅与每一个人的生存与健康相关，更与社会和谐、种群持续相关。食者教育欠缺，是人类长期不能彻底解决大食物问题的一个主要原因。要想彻底解决人类大食物问题，就必须从儿童抓起，从食学进入通识教育课堂做起。

二、食者教育治理

食者教育的国家治理，是让食者通识教育从无到有，让食学教育进入中小学课堂，进入幼儿园的学前教育。

食学进入通识教育课堂，会对当今的教育产生重大影响，促动教育课程、教学时间、教育方法发生三个大的变化。

首先是教育课程的变化。食学进入中小学课堂后，使得中小学的学习课程单元中，多了一门重要学科。食学进入中小学课堂后，应该占据一个什么样的位置？答案是，食学应该成为一门重要的主课。因为从人的生存需求说，食学是每个人的必修课，学习内容与人的一生相伴，学习成果与个体的健康长寿紧密相关。从这个意义上说，食学可以排在语文和数学之前，成为中小学生最为重要的一门主课。而当前其他一些占据主课位置的学科，例如外语，今后通过发达的人工智能和无处不在的高速网络，可以快速解决不同语言之间的翻译问题，因此可以将其降到副科位置。

其次是教学时间的变化。据测算，食学进入中小学课堂后，每学期大约需要300课时，在当今中小学教育课时已排满的情况下，如何挤出如此多的时间？在总课时无法增加的情况下，我们不妨缩减其他学科教学时间。当今的一些学科，例如物理、化学、地理、自然、生物、手工、社会实践等，一些内容与食学重叠，这部分重叠的教学内容，完全可以划归到食学中来，这样就可以在整体课时不增加的前提下，减少上这些课的教学时间，保证食学的教学时间。

最后是教学方法的变化。传统中小学教育多为理论教学，通过课堂学习传授知识。食学增加了体验教学，即通过吃这一特有的方式，体验过程，体验结果，体验吃与肌体健康的关系，这是其他学科所不具有的一种教学方式。此外，在食物生产加工实践中体验式的学习方式，也体现了食学教育的特性。

三、食学通识教育总纲

食学成为一种通识教育，是一种新生事物。因此，拟定一个食者通识教育总纲，对于强化食者教育，提高人类的健康长寿水平，都具有十分重要的意义。需要说明的是，这个总纲只是一种粗线条的范本，放在此处的目的是抛砖引玉，如表 6-1 所示。

表 6-1　食学通识教育总纲

食者教育是针对所有人进行的"如何喂养自己"的食学教育。通过加强食者教育，可以普及科学的进食观，减少由饮食带来的疾病，减少食物的浪费，减轻医疗负担，节省医疗资源，进而提升人们的健康水平和生活质量，延长人的寿期。

食者教育以食学为内容。食学创建于 21 世纪初叶，是一个新兴的、以整体视角认知人类食事、旨在解决人类食事问题的科学体系。食者教育的重点内容是食学中的食者健康知识。

食者教育要从小抓起，从幼儿园开始，贯穿人的一生。食者教育既包括正规的小学、初中、高中的课堂教育，也包括其他形式的业余教育。

从人类个体健康长寿和种群延续的角度看，食者教育具有不可替代的重要性。食者教育可以教会我们正确地认知食物、正确地认知自己的身体，进而正确地把握进食。只有让每一个食者都能懂吃、会吃，才能吃出健康与人类应有的寿期。

本教育大纲是母纲，各教育部门可以根据各自的实际情况制定具体的子纲，以保障食者教育的顺利实施。

层级	内容	课时	备注
幼儿园	食物辨识，表盘吃法指南，儿童食学三字经，AWE 礼仪	48	可与游戏、文体、美术、算数、识字课程结合
小学	食物种养，食物性格认知，表盘吃法指南，AWE 礼仪，节约食物	80	可与劳动、思想品德、语文、算数、自然等科目结合
初中	食物获取学基础，食者健康学基础，食事秩序学基础	100	可与生物、化学、物理等科目结合

层级	内容	课时	备注
高中	食物获取学进阶，食者健康学进阶，食事秩序学进阶	100	可与生物、化学、物理等科目结合
成人	吃学	（按实际需要）	社区、线上、业余学习、老年大学

四、幼儿食学教育

学龄前食学教育是食者教育中的一项重要内容。食学教育应该从娃娃开始。幼教《食学三字经》是针对 3—6 岁儿童的食学教育的材料，可以让人类从幼儿阶段就懂得敬畏食母、感恩食物、均衡饮食、远离垃圾食品、远离吃病，吃得安全、吃得健康、吃得科学、吃得文明。

《食学三字经》

人之初，母乳养，吃食物，我成长。

大自然，食之母，须敬畏，要保护。

春天种，夏天长，秋天收，冬天藏。

大米白，番茄红，菠菜绿，玉米黄。

谷为主，肉为辅，蔬果多，蛋奶足。

日三餐，心情爽，顺时节，食材广。

食不语，坐端庄，慢慢嚼，身体强。

不要凉，不要烫，不多盐，不多糖。

不浪费，饭适量，不偏瘦，不偏胖。

爱挑食，偏食病，不洗手，污食病。

吃太少，缺食病，吃太多，过食病。

吃饭前，双手合，AWE，感恩德。

食在前，医在后，知食学，寿命长。

幼教《食学三字经》是根据 3—6 岁儿童的生理和心理特点编写而成，

其内容是根据食学科学体系而设计的，涉及多门食学学科。

与食物母体相关的内容是：大自然，食之母，须敬畏，要保护。春天种，夏天长，秋天收，冬天藏。

与食物成分相关的内容是：大米白，番茄红，菠菜绿，玉米黄。

与食者肌体相关的内容是：心情爽，顺时节，食不语，坐端庄。

与吃学相关的内容是：日三餐，心情爽，顺时节，食材广。食不语，坐端庄，慢慢嚼，身体强。不要凉，不要烫，不多盐，不多糖。不浪费，饭适量，不偏瘦，不偏胖。爱挑食，偏食病，不洗手，污食病。吃太少，缺食病，吃太多，过食病。食在前，医在后，知食学，寿命长。

与食为教化相关的内容是：不浪费，食不语，坐端庄，吃饭前，双手合，AWE，感恩德。AWE 是世界语，含义是敬畏，其发音为［awì］，汉语可发"阿喂"。

幼教《食学三字经》的编写力求通俗、简短、押韵，共 156 字，四个韵脚，适合学龄前及小学低年级儿童诵读。

五、小学食学教育

食学教育是小学教育的一个重要的组成部分，小学食学教育在幼儿园食学教育的基础上增加了更多的知识内容。小学食学教育包括教学目的、教学要求、教学方式、教学内容等要件。

教学目的。通过对食学的学习，让小学生初步认知食物，认知人体，学会全面正确的吃法，培养出正确的饮食习惯，学以致用，健康肌体，为长寿打下基础。

教学要求。通过食学学习，让小学生学会吃事知识，让身体更加强壮；建立健康的食行为认知，养成正确的饮食习惯；建立对食学的整体认知，树立正确的食事观、食为观、饮食观。

教学方式。小学食学教学是一种"三元"教学。一是理论教学，通过课堂传授学习食学知识；二是体验教学，这是其他学科所不具备的特有教学方式，通过吃的体验过程，感受吃，吃后的身体变化，懂得吃与健康的关系；三是手工教学，即通过参加食物生产加工实践，加深对食母系统、食物来源、食物成分的认知。

教学内容。小学阶段的食学教学包括五个单元，分别是食物单元、食者单元、吃法单元、食礼单元和体验单元。涉及食物辨识、身体结构、吃方法、进食礼仪和食学体验实践等内容，如表 6-2 所示。

表 6-2　小学食学教学计划

学期		单元	周课时	总课时
一年级	上学期	食物单元：日常食物认知	1	20
		食者单元：食化器官	1	20
		吃法单元：食学三字经	1	20
		食礼单元：中华餐前捧手礼 AWE	1	20
		体验单元：食物味道	2	40
	下学期	食物单元：日常食物认知	1	20
		食者单元：食化器官	1	20
		吃法单元：进食心态	1	20
		食礼单元：珍惜食物	1	20
		体验单元：食物气味	2	40
二年级	上学期	食物单元：食物成分	1	20
		食者单元：食化系统	1	20
		吃法单元：认识表盘吃法指南	1	20
		食礼单元：敬畏自然	1	20
		体验单元：食物触觉	2	40
	下学期	食物单元：食物品质	1	20
		食者单元：食化系统	1	20
		吃法单元：吃前 4 辨	1	20
		食礼单元：杜绝浪费	1	20
		体验单元：食物形色	1	20

学期		单元	周课时	总课时
三年级	上学期	食物单元：食物性格	1	20
		食者单元：头脑与食脑	1	20
		吃法单元：吃入7宜	1	20
		食礼单元：餐桌礼仪	1	20
		体验单元：食物听觉	1	20
	下学期	食物单元：食物性格	1	20
		食者单元：食物与健康	1	20
		吃法单元：吃入7宜	2	40
		食礼单元：餐桌礼仪	1	20
		体验单元：食物观察	2	40
		食者单元：食物与健康	1	20
四年级	上学期	食物单元：食物性格应用	1	20
		食者单元：体征认知	1	20
		吃法单元：吃出2验	2	40
		食礼单元：食事良俗	1	20
		体验单元：食物种养	2	40
	下学期	食物单元：食物性格应用	1	20
		食者单元：体征认知	1	20
		吃法单元：五种美食家	1	20
		食礼单元：食为良俗	1	20
		体验单元：食物种养	2	40
五年级	上学期	食物单元：天然食物	1	20
		食者单元：体征认知	1	20
		吃法单元：不当吃行为	1	20
		食礼单元：食为陋俗	2	40
		体验单元：食物种养	2	40
	下学期	食物单元：驯化食物	1	20
		食者单元：体征认知	2	40

学期		单元	周课时	总课时
五年级	下学期	吃法单元：不当吃行为	1	20
		食礼单元：食为陋俗	1	20
		体验单元：食物种养	2	40
六年级	上学期	食物单元：合成食物	1	20
		食者单元：体构认知	2	40
		吃法单元：吃事身体反应	1	20
		食礼单元：国际食礼	1	20
		体验单元：食物加工	1	20
	下学期	食物单元：加工食物	1	20
		食者单元：体构认知	2	40
		吃法单元：吃事精神反应	1	20
		食礼单元：国际食礼	1	20
		体验单元：食物加工	2	40

六、中学食学教育

食学教育是中学教育的一个重要的组成部分，中学食学教育是小学食学教育的进阶和完善。中学食学教学包括教学目的、教学要求、教学方式、教学内容等要件。

教学目的。通过对食学的学习，让中学生深入认知食物，认知人体，学会全面、正确的吃法，培养出正确的饮食习惯；学以致用，健康肌体，为长寿打下基础；初步掌握食物获取领域、食事秩序领域的相关知识。

教学要求。通过食学学习，让中学生学会合理餐饮，吃出健康的肌体；建立健康的食行为认知，养成正确的饮食习惯；建立对食事的整体认知，树立正确的吃事观、食为观、饮食观。

教学方式。中学食学教学是一种"三元"教学。一是理论教学，通过课堂传授学习进阶型的食学知识；二是体验教学，通过吃的体验过程，体验吃，学会吃，吃出健康与长寿；三是手工教学，通过参加食物生产加工实践，参加食事秩序管理实践，加深对食学的整体认知。

教学内容。中学阶段的食学教学，按照初中三年、高中三年设置，共六个单元，分别是食物单元、食者单元、吃法单元、食物获取单元、食事秩序单元和体验单元。和小学相比，减少了食礼单元，增加了食物获取（初中阶段）和食事秩序（高中阶段）两个单元，如表6-3所示。

表6-3　中学食学教学计划

年级	学期	单元	周课时	总课时
初一	上学期	食物单元：食物性格	1	20
		食者单元：食者体征	1	20
		吃法单元：吃事三阶段	1	20
		食物获取单元：食物母体	1	20
		体验单元：味觉吃审美	2	40
	下学期	食物单元：食物性格	1	20
		食者单元：食者体征	1	20
		吃法单元：吃事五觉审美	1	20
		食物获取单元：食物野获	1	20
		体验单元：嗅觉吃审美	2	40
初二	上学期	食物单元：食物元素	1	20
		食者单元：食者体构	1	20
		吃法单元：吃事二元认知	1	20
		食物获取单元：食物驯化	1	20
		体验单元：触觉吃审美	2	40
	下学期	食物单元：食物元素	1	20
		食者单元：食者体构	1	20
		吃法单元：吃方法	1	20
		食物获取单元：人造食物	1	20
		体验单元：视觉吃审美	2	40
初三	上学期	食物单元：食物性格应用	1	20

续表

年级	学期	单元	周课时	总课时
初三	上学期	食者单元：食脑	1	20
		吃法单元：吃方法	1	20
		食物获取单元：食物加工	1	20
		体验单元：听觉吃审美	2	40
	下学期	食物单元：食物性格应用	1	20
		食者单元：食物与健康	1	20
		吃法单元：吃法指南	2	40
		食物获取单元：食物流转	1	20
		体验单元：食物观察	2	40
高一	上学期	食物单元：世界食物	1	20
		食者单元：食物与人口	1	20
		吃法单元：吃病	1	20
		食事秩序单元：食事经济	1	20
		体验单元：食物种养	2	40
	下学期	食物单元：世界食物	1	20
		食者单元：人口与食物	1	20
		吃法单元：吃病	1	20
		食事秩序单元：食事法律	1	20
		体验单元：食物种养	2	40
高二	上学期	食物单元：野获食物	1	20
		食者单元：体征认知	1	20
		吃法单元：偏性物吃疗	1	20
		食事秩序单元：食事行政	1	20
		体验单元：食物加工	2	40
	下学期	食物单元：驯化食物	1	20
		食者单元：体征认知	2	40
		吃法单元：偏性物吃疗	1	20
		食事秩序单元：食事数控	1	20
		体验单元：食物加工	2	40

年级	学期	单元	周课时	总课时
高三	上学期	食物单元：合成食物	1	20
		食者单元：体构认知	1	20
		吃法单元：合成物吃疗	1	20
		食事秩序单元：食为教化	1	20
		体验单元：食物流转	2	40
	下学期	食物单元：加工食物	1	20
		食者单元：体构认知	1	20
		吃法单元：合成物吃疗	1	20
		食事秩序单元：食事历史	1	20
		体验单元：食事数控	2	40

第二节　食业者教育体系

食业者教育是针对食业从业者的教育，是针对一部分人群的食学专业教育。

食业者教育以食学为内容。食业者教育涉及食学中食物获取、食者健康和食事秩序三大领域，重点内容是食学中的食物获取知识。

食业者教育以两种形式完成：一是正规的课堂教育和学历教育，二是非学历的培训教育以及在工作场所进行的实践性教育。

一、食业者教育总纲

食业者教育学是研究食学专业教育方法及其规律的学科，食业者教育的对象是从业于食物获取、食者健康、食事秩序领域的一部分人类。

对食业者的教育古已有之，对食物种植、养殖的经验传授，对传统医学知识的传授，以及历代农书中的经验记载，甚至开春时节皇帝亲耕

"一亩三分地",都属于食业者教育的范畴。

工业文明以后,食学教育出现了系统的规划,主要表现在院校里有了与饮食相关的专业,例如食品科学与工程、食品生物技术、营养与食品安全、中医学科等几个专业。另外,还相继设立了专业的农业院校。各国政府都高度重视食业者专业教育,美国开设农学类专业的大学院校有140多所,开设食品类专业的有31所;中国开设农林水专业的本科院校有92所,开设食品科学与营养类专业的高校约有200所。在中等、高等教育院校中,涉及食业的学科专业已有:种植、养殖、水产、畜牧兽医、环境生态、生物技术、预防医学、动植物检疫、工商管理、农业经济、海洋经济、食品工程、农业林业水利工程、酿酒工程、食品包装、酒店管理等几十个专业门类。

从学历教育来看,食业者教育也渐成系统,日益完备。发展至今,已经形成了技校、高职、中专、大专、大本、硕士研究生、博士研究生等专业化、系列化的教育体系。

在教育体系日趋专业的同时,当今的食业者教育也存在教育思想不完善、教育内容不完备、发展不均衡、教学结构不合理的三大不足。

在教育思想亟待完善的方面,当前我国对于食业者教育出现的矛盾是,一方面涉及种养殖、烹饪、卫生监督、营养搭配等方面的职业并未得到社会的普遍重视与尊重,就业趋向薄弱;另一方面被列入高端科学研究的生物制造、添加剂合成等专业又不屑与食业问题挂钩。如何在食业的上下游塑造一个完整的学科链,与产业链相适应是食业者教育的一个重要方向。

在教育内容方面,许多学科片面强调提升本行业的效率,没有从整体角度、人类角度、食学角度看待食现象和食问题,因而造成了超高效、伪高效、食品安全问题频发。

在教育平衡发展方面,食物获取领域的食业者教育比较完备,而食者健康、食事秩序领域的食业者教育相对较弱,甚至存在空白。

在教学结构方面,也存在着诸多不尽如人意的地方,例如目前在世界范围内，还没有一所集食物获取、食者健康、食事秩序三大领域教育于一体的"食业大学"；吃学等食学课程，还没有堂堂正正进入到正规的教育体系。

为了解决上述食业者教育中存在的问题，拟定一个集中、统一的食业者教育大纲，依据这个大纲对现行食业者教育进行分阶段的调整、改革，对提升食业者教育的品质，具有十分重要的意义，如表6-4所示。

表6-4　食业者教育总纲

食业者教育是针对食业从业者的教育。食业包括食物获取领域、食者健康领域和食事秩序领域。

食业者教育以食学为内容。食学创建于21世纪初叶，是一个新兴的、以整体视角认知人类食事、旨在解决人类食事问题的学科体系。食业者教育涉及食学中的三大领域，重点内容是食学中的食物获取知识。

食业者教育以两种形式完成：一是正规的课堂教育和学历教育；二是非学历的培训教育以及在工作场所进行的实践性教育。

对食业者的教育古已有之，进入工业革命时代后，食业者教育发展迅速，渐成系统，发展至今，已经形成了从技校、高职、中专、大专、大本到硕士研究生、博士研究生的专业化、系列化的教育体系。但是当今的食业者教育也存在三个方面的不足：一是教育内容没有全覆盖；二是各行业间教育发展不均衡；三是割裂化的教学结构不合理。目前在世界范围内，还没有一所集食物获取、食者健康、食事秩序三大领域教育于一体的"食业大学"；吃病学、食事数控学、吃美学等食学课程，也没有纳入正规的教育体系。弥补这三个方面的不足，让食业者教育成为全覆盖、均衡性、整体化的教育，是食业者教育的任务目标。

本教育大纲是母纲，各教育部门可以根据各自的实际情况制定具体的子纲，以保障食业者教育的顺利实施。

层级	内容	课时	备注
中专	食学36个四级学科之一	300	
大专（高职）	食学13个三级学科之一	300	
大学	食学3个二级学科之一	400	
硕士研究生	食学体系基本研究	360	
博士研究生	食学体系进阶研究	360	
非学历实践教育	食学36个学科的实践课程	按实际需要设置	

二、食业高等教研机构

人类的食事本来是一个不可分割的整体，但是目前在食业者教育领域内，呈现的是一种分割状态。不仅食物获取、食者健康、食事秩序三个领域的食业者教育是分割的，就是在同一领域的不同行业之间，也以分割状态存在。

食业高等教研机构，包括构思中的食业大学和食业研究院。

当今在食业者教育实践中，虽然有些大学开始了试验性举措，例如某些农业大学将食品工业纳入自身的教育范畴，表现出了实践先于理论的前瞻性，但是从整体性来说，还没有一所集食物获取、食者健康、食事秩序三大领域食业者教育于一体的食业教育机构出现。食业大学的创建，可以填补这方面的空白，让食业者教育体系更加完整、全面。

设置食业大学的价值，在于化分散为整体，实现食业者教育领域的全覆盖，实现食业者教育资源的最佳配置和利用。这对于国家层面的食事问题治理，具有基础性的意义。

食业大学是一种示范性的模板。在具体办学时，可以根据各国各地不同情况，设置开办学科完整的食业大学，或是突出某部分教学内容的食业学院，乃至在其他相关院校里设置食业系，在教育规模和内容方面有所增减。其名称可以叫食业大学，也可以叫食科大学、食事大学、食学大学，如图 6-1 所示。

食学研究机构是针对食学研究设置的科研机构。它集食学理论研究、食事资料收集、食学成果推广、食事问题应对于一体，是建设食学科学体系不可或缺的一环，是人类文明走向食业文明阶段的产物。

食事是人类文明的重要内容，几乎占据了远古人类生活的全部。截至今天，仍然占据着人类社会活动的半壁江山。但是迄今为止，只有针对某类食事或某个食事行业进行分割式研究的院所，还没有一个将人类所有

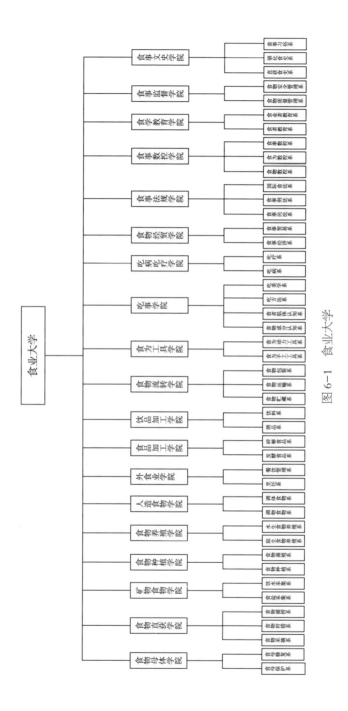

图 6-1　食业大学

食事贯穿一体，熔为一炉，进行全面、整体性研究的科研机构。这与对食事进行整体认知的理念极不相符，与人类社会的食事现状极不相符。食学研究机构的设置，就是要弥补这一空白，通过对食学整体性的深入研究，让食学真正造福于人类，成为人类文明、进步的基石。

　　本书中所指的食学研究机构有三类：属于政体类别的国家研究院所；属于学体类别的院校研究院所；属于社体类别的民间研究院所。这三类食学研究机构各有所长，都会为食学的发扬光大做出各自的贡献。

　　设置食学研究机构的价值，在于化分散研究为整体研究，实现食事研究领域的全覆盖，实现可持续的发展目标。

　　以下的食学研究院设置图，如图6-2所示，是一种食学研究机构的示范模板。它只涉及研究院所的学术机构设置，未包含人财物管等其他部门。图6-2中的食学研究院是一种整体框架性的规划，在具体设置时，可以根据各地不同情况，在院所规模和研究对象多寡方面有所增减。

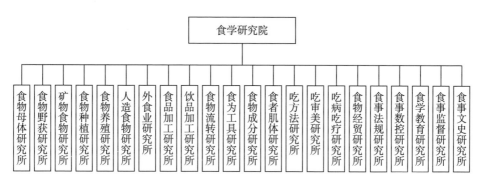

图6-2　食学研究院设置图

第七章　构建着眼大食物问题的经济体系

　　经济学的意义就在于研究或指导资源的合理分配问题。这个"合理分配"的标准不是看谁的国土面积大、谁的人口数量多或者谁的军事力量强，而是要遵循经济学的原则，即能够发挥资源的最大效益或效能。

　　食事经济是指食物资源的合理配置。食事经济治理是指采取经济手段在食物资源配置方面给予治理。与其他产业门类一样，其中价格的传导机制起着非常关键的作用。

　　就食事经济理论而言，它的启蒙，可以追溯到中国古代的经济思想和希腊色诺芬以及西欧中世纪的经济思想。公元前 645 年，中国的管子就提出一个职业划分理论；司马迁的《史记》除了继承和发展先秦思想家的分工理论，还主张经济自由化政策，反对政府对经济生活的过多干预。范蠡提出了"谷贱伤农"的概念，表明他已认识到价格机制对生产者的激励作用。他还创立了一个经济循环学说，将"天道循环"引起的年岁丰歉现象与整个社会经济情况联系起来。雅典历史学家色诺芬（前 440—前 355 年）在《经济论》中论述了农工的重要性，从使用价值角度考察了社会分工问题，阐述了物品有使用和交换两种功用，说明了货币有着不同的作用。在该书第一部分中，色诺芬借苏格拉底之口阐述了农业对国家经济的重要性，认为农业是国民赖以生存的基础，是希腊自由民众最重要的职业。17 世纪中叶以后，英国开始盛行古典经济学，认为流通过程不创造财富，只有农业和畜牧业才是财富的源泉。这些理论都为食事经济学的启蒙奠定了基础。

　　进入公元 18 世纪，食事经济理论进入了确立阶段。1770 年，英国经济学家阿瑟·扬通过对欧洲大陆和英国各地的考察，出版了《农业经济学》，这是与食物相关的第一本经济学著作。

马克思从分析商品开始，分析了资本主义生产方式，批判地继承并发展了资产阶级古典经济学派奠立的劳动价值理论，指出商品的使用价值和价值的二重性是由生产商品的劳动具有的二重性决定的。剩余价值学说是马克思主义政治经济学的基石。学说中涉及土地价格（土地出售时的价格，实质是资本化地租）、租金（农业资本家在一定时期内，向土地的所有者缴纳的全部货币额）等相关理论，都与农业息息相关。

在工业文明出现以前，人类的所有活动可以说都是和食物，也就是吃饭有关。中国古人提出的"民以食为天""民为邦本，本固邦宁"，出发点都是强调要解决国民的吃饭问题。即使是各种门类的文化艺术、娱乐游戏等，也都是在"饱暖思淫欲"的前提下产生的。

虽然国家与国家、地区与地区之间的食物交流和贸易出现很早，而且是国度间经济贸易的主要内容，但在当今国家食事经济领域，还存在着许多问题。主要是各国间的粮食自给率差异巨大，一些发达国家凭借着强大的食物生产能力，粮食不但能够自给自足，还可以大量出口，而一些最不发达国家，生产总量、人均产量和人均占有量，都位于榜尾，不得不依赖进口解决本国食物不足问题。

中国有两点值得自豪：一是粮食总产量世界第一，用全国 7% 的土地养活了全球近 1/5 的人口；二是亩产可以达到 402 千克，排在世界前列。但是农业技术落后，劳动效率不高，全国有 5.6 亿农业人口，平均一个农民只能养活 2.5 个人，也要部分进口一些种类的粮食。

新中国成立后出于外交政治及经贸合作的需要，对亚非拉的许多发展中国家在农业栽培、科学养殖、水利技术等方面给予了无私支援和帮助。但从另一方面来看，中国在农业上的成功经验能否在其他的国家或地区复制，也是一个值得研究的问题。这里除了地理环境与气候的制约、工业化水平对农业的反哺程度外，中国特有的"以农为本"的传统及中国农民的勤恳踏实等文化因素也是不可忽视的。

如何彻底解决食事的根本问题，如何让每个国家或地区认识到食业优先的必要性，如何有效推动国家层面的食事经济治理，笔者提出三个方面的路径，即匡正食业优先的位置、推动食物获取的正循环、建立生存性产业划分体系。

第一节　匡正食业优先位置

食业是食事行业的简称。食事行业是指从事食物获取、利用相关事务的自然人与法人形成的社会体系。

食事行业是人类生存的基业，横跨食物获取、食者健康、食事秩序三大领域，从业者占到全球劳动者总数的 50% 以上。当今无论在行业认知上还是行业划分上，都没有把食业作为一个整体来研究，以致各行其是，管理分散，问题百出。

一、食业现状

在现实社会中，食事系统是客观存在的。食事行业是一个庞大的产业。食业包括食物获取领域、食者健康领域、食事秩序领域的 19 个行业。其中既涵盖了现代产业划分中的农业、食品工业、餐饮业、养生业等行业，也包括传统医学和现代医学的口服治疗部分，还包括经济、法律、行政、教育等机构中与食相关的部门，如图 7-1 所示。

食业是人类与食事相关的所有行业，是人类有史以来规模最大、从业者最多的行业，是为了解决食事问题而形成的行业，是人类生存的必需性行业，是相关人类社会和食母系统两个可持续发展的朝阳行业，是人类迈向下一阶段文明的奠基性行业。

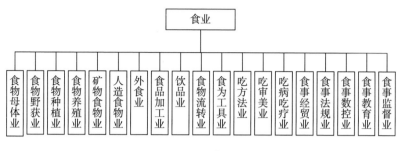

图 7-1　食业

但是在当今，食事产业是被割裂的。首先是食物获取领域与食者健康领域的割裂。其次是食物获取领域内的割裂，例如被划分为农业、渔业、牧业、水业、盐业、茶业、酒业、食品业、餐饮业等，从而导致目标分散、利益分散、整体效率降低。这种分散的行业现状，带来的直接危害就是头疼医头、脚疼医脚。上述行业由于缺少相互间的协调，只谋求各自的利益，忽视整体的利益，因而造成整体效率的降低。再次是没有做到以生存的原则为导向，以食物的高品质为方向，而仅仅满足于填饱人类的口腹。例如超高效的食物获取系统，以经济利益为驱动，以产量效率为核心，结果威胁到食物的质量，从而影响到食物的整体利用效率。最后是在食事产业链中过度以经济利益最大化为原则，过度重视食品的商品属性与利益属性，忽略了食品的公共属性、公益导向与健康功能，也因此滋生出如假冒伪劣、囤积居奇、非法倒卖等违法行为。

食业概念的提出具有十分重要的意义。它不仅能够进一步推动与食相关产业的良性发展，对提高人类健康与寿期做出贡献，还能促进整个社会产业结构的调整与优化，让人类的行业分工更加科学，更趋合理。2017年施瓦布基金会社会企业家奖金获得者金巴尔·马斯克提出过一个观点："食物行业是新的互联网行业。"① 这无疑是食业的一种未来性定位。

---

① Kimbal Musk, "Why Food Is the New Internet", https://eatforum.org/learn-and-discover/why-food-is-the-new-internet-kimbal-musk/.

二、食业特点

食业是人类与食事相关的所有行业，是人类有史以来规模最大、从业者最多的行业，是为了解决食事问题而形成的行业，是人类生存的必需性行业，是相关人类社会和食母系统两个可持续发展的朝阳行业，是人类迈向下一阶段文明的奠基性行业。也就是说，食业是一个庞大的以食为核心的产业链；食业，是所有具有食属性的经济活动的集合体。这个整体的内在性质决定了它有着许多与众不同的属性，从而形成了食业的独特之处。

食业的特点很多，主要包括人类元业、无限持续性、规模最大、从业人数最多、产能有限等，如图 7-2 所示。

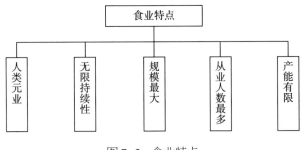

图 7-2　食业特点

食业是人类元业。食物是人生存的基础，没有食物，就没有生命。谋取食物是人类头等重要的大事，也是人类的第一个行业，是历史最悠久的行业，是当之无愧的"元业"。

食业一直伴随着人类的成长而发展，每时每刻都未曾离开过我们。从人类诞生之日起，直至公元前 10000 年食物驯化开始之前，食业都是人类社会的唯一行业，是人类数百万年的基本状态。即使在当代，人类的文明与文化百花盛开、争相斗艳，新兴的行业层出不穷，从许多角度改变着我们的生活，但食业在人类社会中依旧占据着重中之重的地位。正如著名的食物人类学家沃伦·贝拉斯科所说:"食物是重要的。食物位于生命基本要素之首,是我们最大的产业……"①

食业有无限持续性。相对人类的存在而言,食业这个产业是无限持续的。它不会像某些产业有起有伏、有始有终。在人类的发展历程中,有的行业出现又消失了,有的行业尽管引领风骚数十年、数百年,甚至数千年,但也难以达到永恒。食业则不然,人永远需要食物来延续生命,食业也是一个永远的朝阳产业。

食业的无限持续性的特色,决定了它是一个值得长期投入和深入研究的领域。当今,食业的重要性常常被低估、被忽视,食业工作者的价值,甚至还比不上一个娱乐业的明星。这是一个极其错误的社会观念,必须给予矫正和改变。

食业未来的发展还有很大的空间,如何既保障食物数量又保障食物质量,如何在维护人类可持续的同时又维护食母系统的可持续,食业肩负着重要使命。

食业的规模最大,从业人数最多。据不完全统计,全世界的产业在50种以上,规模产业有10余种,其中食业在行业规模和吸纳从业人数上,均排列第一位。

从社会结构的角度来看,进入工业化社会以来,食业的规模呈缩小的趋势。特别是近百年来,食业一直在被其他快速增长的新兴行业所挤压,这种行业规模的变化有些是负向的。以医业为例,当今医疗行业规模在不断扩大,但是从生存和健康的角度来看,食业是医业的上游,是解决问题的主要方面,且事半功倍,可这点被长期忽视。

食业规模的缩小和医业规模的扩大,其结果是消耗、浪费了大量的

---

① Warren Belasco, *Meals to Come: A History of the Future of Food*, University of California Press, 2006, p.7.

社会资源，造成了社会整体运营效率降低。食业与医业，孰长孰消，这是一个社会产业结构问题，从人类的肌体健康和社会健康来看，"大医业小食业"不如"大食业小医业"。早在 2003 年世界卫生组织就发布了一个报告《膳食、营养和慢性病的预防》①，强调食物对于治疗慢性病的作用，其中最典型的慢性病包括：糖尿病、心血管病、癌症、牙病、骨质疏松。2019 年美国《时代》周刊 2 月 18 日出版的文章《为什么食物可以成为最好的药物?》展示了食物在慢性病（比如糖尿病和心脏病）的治疗中有比药物更有效且对人体更友好的作用。

从人类健康成长与生活的角度来看，健康中国的概念把民族复兴和每一位国民的健康紧密地联系在了一起。但健康中国不等于医疗中国，健康中国＝食事＋N事＋医事。其中的食事包括食物和食法，权重排在首位；N 事包括环境、基因、运动、心理等诸多方面，权重排在第二位；最后才是医事，用医疗手段疗疾治病，权重最轻。健康中国，从上游抓起，事半功倍。②

人类文明的核心，应该是对文明的主体"人"更进一步的关怀。要整体实现人类的发展目标，维护人类个体健康与长寿，促进世界秩序进化，维护人类种群和食母系统的可持续，只能摆正食事和食业在人类社会中的位置，依赖于食业文明时代的到来。

第二节　推动食物获取的正循环

由于缺少对食事的整体认知，导致食物获取领域和食者健康领域分离，使食物获取走上了追求超高效的歧途。食物获取的超高效会导致"食

---

① 世界卫生组织：《膳食、营养和慢性病的预防》，2003 年。
② 李保金：《"不浪费"从"吃好"开始——访北京东方美食研究院院长刘广伟：食在医前，"治未病"要把食事作为抓手》，《经济参考报》2020 年 9 月 8 日。

业负循环"。食业的负循环是互害的，是不可持续的。

与食业负循环对应的是食业正循环，它是指生产、消费食物的系统，以食者健康为核心，以可持续的食物利用为核心。

一、推动食事经济正向研究

由于缺少对食事的整体认知，导致食物获取领域和食者健康领域分离，使食物获取走上了追求超高效的歧途。食物获取的超高效会导致"食业负循环"。食业的负循环是互害的，是不可持续的。

与食业负循环对应的是食业正循环，它是指生产、消费食物的系统，以食者健康为核心，以可持续的食物利用为核心。

解决食事经济问题离不开食事经济的正向研究。当今食事经济领域问题重重，要解开这个扣，推动国家层面食事经济的正向研究，已经时不我待。国家层级的食事经济研究中，要件之一是对获食效率的研究。纵观人类获得食物的效率，先后经历了四次大的提升：第一次飞跃是驯化技术带来食物的充足与稳定，大大提升了人类获得食物的效率。相对千百万年直接从自然界采摘、狩猎、捕捞的方法获得食物，是一次伟大的突破，充足稳定的食物给人类带来了更多的安全感。第二次飞跃是工具进步。铁器等工具的出现和使用，让食物获取效率得到大幅提升。特别是工业化以后，动力工具的使用和普及，更让食物获取效率跨上一个更高的台阶。第三次飞跃是化学合成物的出现，使食物获取效率再次大幅提升，化学合成物是工业革命的产物，它的诞生不过短短 200 年，但是化肥、农药、激素等化学合成物的大规模应用，已让人类的食物获取进入到超高效时代。第四次飞跃是数字技术的加入。进入 21 世纪，数字技术遍地开花，食事领域也不例外。数字技术与前三次飞跃不同，数字技术不仅可以提高食物驯化的效率，还可以提高食物利用和食事秩序的效率。数字技术可以提高所有食事的人工效率，如图 7-3 所示。

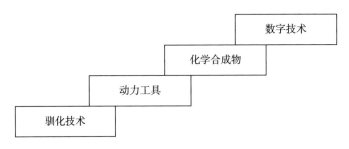

图7-3 食物获取效率的"四次飞跃"

这四次飞跃各有特色：在食物获取过程中驯化技术是对"面积效率"和"成长效率"的大提升；动力工具使用是对"人工效率"的大提升；化学合成物的施加是对"面积效率"和"成长效率"的大提升；数字技术是对食产、食用和食序三个方面"人工效率"的全面大提升。在食物获取效率的"四次飞跃"中，前三次飞跃已经实现，第四次飞跃正在到来。

第三次飞跃大大提高了食物获取效率。因此，给人们带来一个误区，认为食物的获取效率是可以无限提高的。其实不然，化肥、农药等合成物带来的效率已经到了极限，超高效的生产已经威胁到食物的质量。在食物获取领域没有真正的"价廉物美"，优质食物的成本一定高于劣质食物的成本，这是由于食物的原生性决定的。食物不是工业品，没有价廉物美的属性，人造的合成食物永远也替代不了天然食物。以为粮食及各种农产品的生产可以是无限的，不仅淡化了忧患意识，而且虽然粮食等农作物的产能数量在各种工业化学的手段下得到了很大提高，但却是建立在无休止的破坏土壤墒情、危害食母环境的基础上的，是很难持续的。

工业社会高速发展带来的资源匮乏，百亿人口时代将至带来的食物需求增长，都会导致食物资源短缺和食物成本提高。一旦食物短缺时代来临，其他行业生产的利润，都会被迫给食物获取让路，因为食物是人类生存的必需品。食物的可持续供给关系到人类的可持续发展，从谷贱伤农，到谷贱伤民，这是一个"食事的负循环"。如何让消费者多为好食物的成本买单，少为房屋生产者的巨额利润买单，构建资源配置更加合理的"正循环"，这不仅是经济学的重要课题，更是人类可持续发展的必答题。

国家层级的食事经济研究中，要件之二是对食物定位的研究。食学对食物的定位是"必需的奢侈品"。提到奢侈品，人们想到的一定是那些价格昂贵的稀有商品，比如名牌背包、手表、服装、汽车等。其实人类最需要的奢侈品是好食物，好食物是满足肌体需求、促进身体健康的。健康无价，对健康和好食物的投资也是更加值得的。

第一，因为食物的稀缺性。当前，全世界的人口数量已经突破了80亿大关，预计2050年将接近百亿。全球百亿人口每天所需要的食物都是一个庞大的数量，而这也接近了"食物母体"能够承受的极限。一方面是产能的有限，而另一方面则是需求量的增加，供需之间的矛盾越来越显著。伴随着百亿人口到来之际的也许不是全球物资的极大丰富，而是食物等各类资源的稀缺。"百亿人口时代"与"食物稀缺时代"相伴同行，可以想见，食物会越来越稀缺，越来越珍贵。

第二，因为好食物的稀缺性。工业文明把合成物引入食物链，化肥、农药、激素等大量使用提高了食物的生产效率，为人类带来巨大的利益，但另一方面食物的质量却在不断地下降。例如化学食品添加剂，其存在价值满足人的感官享受，而这种表面的感官享受必然会对身体的健康造成威胁。

第三，因为好食物需要高成本。与其他奢侈品一样，好食物需要更多的成本来支撑，生产好食物要比生产一般食物增加许多成本。例如180天生产期的鸡比45天生产期的鸡成本会高出许多倍，不使用化肥农药的谷物比使用化肥农药的谷物成本高很多。从这个角度来看，好食物与其他奢侈品有相同的属性。

第四，什么是好食物？这里说的好食物不是指山珍海味，而是指没有被污染的天然食物。"食物原生性递减"理论把食物品质分成了七个递减层级，层级越多，品质越差。

第五，认识"好食物是奢侈品"的意义在哪里？一是为自己、为家庭成员的健康要选择好食物；二是为企业员工的健康要选择好食物；三是为客户的健康要选择好食物；四是为企业的可持续发展要选择好食物。

政府应该呼吁消费者为好食物的成本买单。如果大家都不肯为好食物的成本买单，只是一味地追求价廉物"美"，就没有人愿意生产好食物，劣质食物就会流行泛滥，最终受伤害的不仅是食物生产者，更包括食物消费者。

在对食物本质的认知上，一定要树立好食物是第一奢侈品的理念，给好食物的生产者、加工者应有的收益和尊重，让消费者乐于为好食物的成本买单，以此推动食物获取的正循环。

二、鼓励生产消费优质食物

在古典经济学中有句名言，价格是商品内在价值的外在体现。那么，作为一种特殊商品的食物，其价格如何确定？正确的做法是，食物是人类生存的必需品，其价格的确定不应影响食物的品质，不能低于生产优质食物的成本，否则将带来食物经济的"负循环"。食物价格过低，表面上看是伤害了生产者，本质伤害的是消费者，因为食物获取的数量和质量是消费者生存与健康的前提。

谷贱伤农，是说如果粮食价格过低，生产粮食微利或赔本，会给农民带来伤害。其实受伤的不仅是农民，其他食物的生产者也是如此。谷贱伤农，这里所说的"农"，泛指所有食物的生产者。食物的价格过低，食物生产者的利益受到伤害，他们就不愿意再去生产食物。如此，食物供给的数量和质量都会遇到巨大的威胁，最终真正受害的是食物消费者。

谷贱伤农亦伤民，在这方面的一个突出事例是"两块田"问题：消费者盲目追求食物的"价廉物美"，不再愿意为传统守法生产的优质食物买单；食政者担心食物价格高会影响社会稳定，不时出台抑制食物价格的政策，这两个方面均导致生产者如果生产优质食物则会亏本，但是生产者又懂得劣质食物的危害，为了生存和保障自己的身体健康，他们被迫耕种A、B 两块田，A 田不用或少用化学合成物，食物生产成本高，留给自己吃；B 田使用各种化学合成物来提高生产效率，产出的食物卖给消费者，用于图利。这种"两块田"现象，不仅表现在种植业，也表现在养殖业、食品加工业，导致出现了"两圈猪""两栏鸡""两池鱼""两缸醋""两窖酒"……表面看，"两块田"现象保障了生产者的利益，其实不然，因为每一个生产者都不可能生产所有食物，他一定也是其他食物的消费者，是 B 田、B圈、B 栏、B 池、B 缸、B 窖等的消费者。所以"两块田"模式是互害的，是不可持续的。另外，"两块田"的问题直接危害肌体健康，会占用大量的医疗资源，抑制了社会运行的整体效率。所以说"两块田"既是食事的负循环，也是经济的负循环。

优质食物有利于人体健康，从消费层面上说，国家要鼓励消费者为优质食物的成本买单，生产者才愿意生产优质食物，消费者才能吃到更多的好食物。好食物是健康长寿的保障，国家应该鼓励消费者为食物的成本买单，让食物的生产者有利可图，食物的数量才能保障，食物的质量才能提升，食物消费者的需求才能得到满足。否则，受伤害的最终还是食物消费者。反之，让食物生产者有利可图，让食物生产者过上体面的生活，是保障食物消费者利益的基础。借鉴或运用经济学中的价格调控与选择机制，优质的食物，稀缺的食物，成本高的食物，理所当然地在价格上体现出其应有的价值。这也是对于食业生产不断迈向高端化、居民消费不断通向健康化、食业文明不断走向理性化的一种正向激励。

正循环方面的激励，必然同时包含了对食物获取负循环方面的国家治理，这里有几个观念的误区需要我们澄清自己的认识：一是改变"价廉物美"的观念。"价廉物美"当然是人人希冀的，但它是建立在低成本与产出高的基础上的。品质高的食物必然会产生一定的成本，或体现在时间与培养成本，或体现在获取与流通成本，或体现在原材料的价格成本，等等。

二是对于所谓"优质良种"的过度依赖与迷信。这个"良种"不仅是农作物的，也包括驯养业的。据统计，我国现在粮食农作物的种子依赖度逐年提高，北方部分地区种子进口份额竟高达 80%。[①] 而我国种畜禽场的情况又如何？"实际情况是：我国的原种场规模小、数量多，与扩繁场、商品场的数量不成比例，有些地方甚至不设专门的商品场。"[②] 良种的益处固然显而易见，如产量高、品质优、能够更好地防治病虫害等，但对于所谓"良种"的过度依赖，会使大批的农民唯"良种"马首是瞻，不但加大了我国的农牧业生产风险，也降低、弱化了从本土发展、培育属于自己的"良种"的能力。

三是关于"营养""营养学"的概念误导问题。食物中的营养成分固然重要，但并非能够代表食物的一切。可能经过速生、高效、工业化与规模化生产的食品其营养元素并不少，但与自然、原生、慢生长、少人工干扰的食品质量相比显然是后者对于人类更为有益。

粮食是特殊商品，要认真落实最低收购价，保持粮食价格合理水平，防止"价贱伤农"。对于持续高企的种子、农机等农资价格，政府还应发挥"有形的手"的作用进行适当调控，及时发放相关补贴，切实保障食物生产者的利益。

保护食物生产者利益，需要构建全面的粮农支持保护体系。例如严厉打击假种子、假农药、假化肥、伪劣农机等坑农害农事件，依法严惩危害食业生产的行为。同时，还应强化政府和相关机构的服务措施，加强市场监测预警，搞好市场信息服务，组织和指导企业入市收购粮食，完善粮

---

① 李平等：《我国粮食作物种子产业现状及安全问题初探》，《中国农技推广》2013 年第 S1 期。

② 季海峰：《我国良种繁育体系存在的问题及对策》，载《2006 中国猪业发展大会会刊》。

食主产区利益补偿机制。

保护食物生产者利益，还应鼓励农业经营方式创新，努力提高农户集约经营水平，大力发展多种形式的新型食物生产合作组织，培育壮大龙头企业，构建农业社会化服务新机制。

保护食物生产者利益，还应包括国家积极宣传、倡导、支持扩大优质食物的种养规模，控制合成食物的施加量，遏制食物获取的"伪高效"，保护好食物生产者的利益，是推动食物获取正循环治理的首先需要面对和解决的食事大问题。

保护食物生产者利益，还应包括国家对食物生产、经营者降低税收，逐步放开食物价格，改变补贴方向，构建合理的食物分配机制，让种养优质食物的行业、企业和个人真正有利可图，实现可持续发展。

第三节 启用生存性产业划分体系

在工业化社会条件下形成的社会产业划分模式，不能实现人类整体食事经济效率的最大化，更不能有效地应对今天的食事问题。要想有效解决当今的食事问题，就要对人类社会产业结构体系理论有所创新。

一、11 种传统产业划分体系

对社会产业体系的划分起源于 19 世纪，是人们认识社会经济结构的一种方式。着眼点不同，目的不同，划分的方法不同，结果也就不一样。目前比较有影响力的划分方法有 11 种。

（1）二部类划分法，马克思在研究社会再生产过程中，生产部门和生产资料的消费部门的二部分类法。

（2）农轻重产业划分法，这种分类方法源于苏联，将社会生产划分为农业、轻工业、重工业，这种分类法是马克思"两大部类"划分法在实际工作中的应用。

（3）三次产业划分法，由新西兰经济学家费希尔首先创立，按人类经济活动的发展阶段划分为一次产业、二次产业、三次产业，得到各国广泛认同。

（4）战略关联方式划分法，按照一国产业的战略地位划分的一种方法，如主导产业、先导产业、支柱产业、重点产业、先行产业。

（5）国家标准划分法，按照一国的产业统计口径划分，例如中国把经济划分为 20 个门类、95 个大类、396 个中类和 913 个小类。

（6）国际标准划分法（ISIC），是联合国经济和社会理事会隶属的统计委员会制定的，2008 年推出了 ISIC4.0 版。

（7）资源密集度划分法，把社会产业划分为劳动密集型产业、资本密集型产业、技术密集型产业。

（8）增长率产业划分法，按照产业在一定时间内的增长速度划分，分成成长产业、成熟产业、发展产业、衰退产业。

（9）生产流程分类法，根据工艺技术生产流程的先后顺序分为上游产业、中游产业、下游产业。

（10）霍夫曼分类法，由德国经济学家霍夫曼提出，按产品用途分为消费资料产业、资本资料产业、其他产业。

（11）钱纳里—泰勒划分法，是由美国经济学家钱纳里和泰勒提出的，将不同经济发展时期对经济发展起主要作用的制造业部门分为初期产业、中期产业和后期产业。

在以上 11 种产业划分中，都没有看到"食业"的表述，但从中可以看到食业的踪影。例如在苏联的"农轻重产业划分"体系里面，农业是食物生产，轻工业里面的食品工业是食物加工。又如现在广为应用的"三次产业划分"中，一次产业、二次产业和三次产业的划分，把食业割裂为三段。针对这种划分，20 世纪 90 年代，日本东京大学名誉教授、农业专家今村奈良臣提出了"第六产业"的概念。他鼓励农户不仅种植农作物（第一产业），而且从事农产品加工（第二产业），还要销售农产品、农产加工品（第三产业），以获得更多的增值价值。"第六产业"概念的由来，是三次产业相加或相乘的结果（1+2+3=6，1×2×3=6），非常牵强。其实，今村奈良臣想表达的意思就是食业，只不过理论阐述和表达方式都欠清晰。

由以上 11 种产业划分的结果看，20 世纪以来，食产业被割裂的问题一直存在。解决这个问题最根本的方法，首先要承认食业链的客观存在，其次要确认"食业"这个概念。

由于上述 11 种社会产业划分方法中都没有食业的位置，要解析食事和文明的关系，必须引入一种新的产业划分方法，这就是"生存性产业结构"划分法。

二、生存性产业分类法

"生存性产业分类法"是按人类生存的需求来划分社会产业。它的核心价值是支持人类社会的可持续发展。它是一个"3-11"体系，第一层级把产业分为 3 类：（1）生存必需类；（2）生存非必需类；（3）威胁生存类。第二层级依据与人类文明关联的密切程度，细分为 A、B、C 三类，共 11 项，如图 7-4 所示。

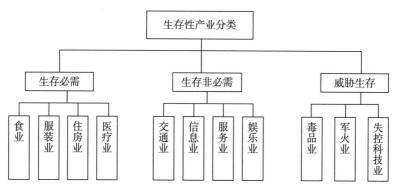

图 7-4　生存性产业分类体系

　　第一大类是生存必需产业。所谓生存，指的是人类基本的生命过程的存续。对于这个存续的维持，必须拥有的物品，即为生存必需品。例如，适当的阳光、干净的空气、适宜的水土资源、基本的居所和食物、衣物、友好互助的社群（主要包括教育、医疗、失能照料等）。

　　人类生存必需的要素有三个：温度、空气、食物。当今还没有空气产业，生产、利用食物的食业是人类生存必需产业的 A 类。服装业、住房业关联人类生存的另一关键因素——温度，它们属于生存的必需产业的 B 类。此外，医疗业对人类生存也发挥着至关重要的作用，属于生存必需产业的 C 类。

　　之所以把食业定为生存必需 A 类，是因为食物对于人类生存和发展具有无与伦比的重要性。首先，人是一种动物性生物，没有食物就会死去。其次，作为地球上最智慧的物种，人类得以创造璀璨的文明，首先在于不断地发现食物，不断地改造食物，不断地用食物促进人类自身机体产生变化，尤其是大脑的进化，进而产生丰富多彩的文明。无疑，食物对于人类的形成和进化、文明的产生和发展，都居功至伟。

　　之所以将衣业、房业定为生存必需 B 类，是因为它们与温度相关。人是恒温动物，体温过高或过低都不利于人类的生存。科研证明，人体的正常体温是 37℃ 左右，可以承受的温度是 35—41℃。当体温超过 41℃ 时，人体的肝、肾、脑等器官将发生功能性障碍，连续几天 42℃ 的高烧，足以使成年人死去；而当体温下降到 35℃ 时，人的死亡率为 30%；低于 25℃ 时，生还的希望非常渺茫。大自然的环境温度要远远高于或低于人体所能承受的温度，人类在抗争中，创造和总结出了保持体温的方法，这就是制作服装，建造房屋。久而久之，就形成了服装业和营造业。它们给人类提供了温度庇护，是维持人类健康和生存不可或缺的行业。

　　之所以将医疗业定为生存必需 C 类，是因为医疗科技的发展是推动人类健康寿期的重要因素。历史上疫苗、抗生素的发明均大幅提升了人类平均寿命，近年来不断创新的医疗技术正帮助人类逐步攻克癌症等重大疾病，人类寿命有望进一步延长。肺结核曾经是人类绝症，青霉素被发现之后，这种病对人类健康的影响变成了小菜一碟。调查发现，越南、菲律宾、印度尼西亚、缅甸、柬埔寨和老挝同为东南亚国家，种族、气候差异不大，经济发展水平也较为相近，人均GDP均介于1000—4000美元之间，但是人均寿命有差异，医疗的普及性和质量是其中的关键因素，如图7-5所示。考古发现，在原始文明时代，欧洲人的寿命不到31岁，而北京猿人的平均寿命更只有区区15岁。至2019年，日本人的平均预期寿命已达到83.7岁。这种变化，除了食业、衣业、房业的贡献外，医业的贡献也功劳巨大。

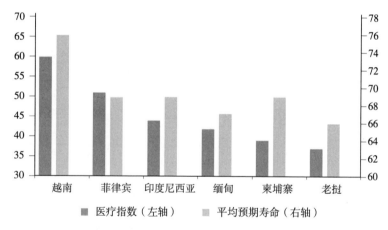

图7-5　2016年东南亚中低收入国家的医疗指数及预期寿命

注：医疗指数以医疗的可及性及质量为评价对象，分值在0—100之间。资料来源：Lancet，WHO，恒大研究院。

第二大类是生存非必需产业。对于人类文明来说，生存必需产业和生存非必需产业是两类不同的产业。它们的服务目标截然不同，生存必需产业面对的是生存需求，生存非必需产业面对的是生活需求。达不到生存需求目标，人类活不了；达不到生活需求目标，只是活不好。一字之差，却反映了两个不同的概念。

按生活需求程度，生存非必需产业也可以分为三个类型：A 类是交通业和信息业，满足人与人之间的交往诉求；B 类是服务业，满足提升生活质量的诉求；C 类是娱乐业，满足闲暇时间的消遣诉求。

之所以将交通业和信息业划分为生存非必需 A 类产业，是因为交通和信息行业的出现和发展，虽为人类的出行和交往节约大量时间，给人类生活增添了许多便利，但是有它虽好，没有这些行业，并不影响人类的基本生存。

1886 年，德国人卡尔·本茨发明了世界上第一辆汽车。100 多年来，汽车使人类摆脱了自身的生理局限，将跨越空间的速度提高了几十倍，有效地节约了大量宝贵的时间。如今，汽车已成为人类不可或缺的交通运输工具，在人类社会中已占据了相当重要的地位。汽车之外，船舶、火车、飞机等现代交通工具的出现，铁道和城市轨道的修建，航道的开辟，无一不大大提升了人类的出行运输效率，带来人们生活方式、生产方式的巨大变化，进而影响到社会的变革。但无论如何，它们所改变的只是人类的生活方式，和人类的生存需求并无大的关联。

现代信息业也是如此，从 1844 年 5 月 24 日美国画家莫尔斯发出人类第一封电报，1875 年英国发明家贝尔设计出世界上第一台电话机，到当今互联网连接小小寰球，世界进入 5G 时代，信息的传播手段、传播方式都日新月异，"千里眼""顺风耳"从神话传说变成了人们身边活生生的现实。和交通业一样，信息业只是对人们的生活提供了便利，并没有像食业那样对人类生存起到根本性的作用。

之所以将服务业划分为生存非必需 B 类产业，是因为当今一些发达国家，服务业已经占了国内生产总值的大头，超过 60%，但是不能就此证明服务业与人类生存相关。服务业改变的只是人类的生活质量，没有服务业，人类仍然可以生存。

之所以将娱乐业划分为生存非必需 C 类产业，是因为娱乐业在人类行业体系里的位置更低。无须否认娱乐业在当今社会中的巨大作用，例如美国，文化产业约占美国总出口额的 13%，对经济的促动作用几乎与军事工业持平。据统计，从 1996 年到 2001 年，美国媒体娱乐产业增长率高达6.5%，而同期美国经济增长率平均为 3.6%，媒体娱乐产业的增长率几乎是整体经济增长率的一倍。2002 年，美国娱乐产业出口 880 亿美元，是第一大出口行业。同其他生存非必需产业一样，娱乐业对经济发展的贡献虽大，但是从生存层面考虑，它毕竟只涉及生活水平高低，不涉及人类能否生存得下去。人的需求是分层次的，并且需求的产生和满足是由低向高阶梯式上升的，也就是说，当低层次需求没有得到满足的时候，更高级的需求则不会产生或者无法得到满足。人的最低层次的需求是生存的需求——即基本生活需求及安全需求，其次才是诸如自尊、被爱等基本的精神需求。由于娱乐活动产生的前提条件是人们必须有闲暇时间，有剩余收入，并且有较好的心情，因此只有当人们解决了温饱问题，甚至在社会关系中已得到应有的尊重之后，才会产生娱乐的需求。

第三大类是威胁生存产业。威胁生存产业是指那些危及人类生存的产业，可以分为 A、B、C 三类：A 类是毒品业，B 类是军火业，C 类是失控科技业。

之所以将毒品业划分为 A 类威胁生存产业，是因为这虽然是一种地下行业，但也有着较为成熟的产业链，符合产业的定义和特征。毒品对人的危害显而易见：一是危害身心。例如人在吸食海洛因后，抑制了内源性阿片肽的生成，逐渐形成在海洛因作用下的平衡状态，一旦停用就会出现不安、焦虑、忽冷忽热、起鸡皮疙瘩、流泪、流涕、出汗、恶心、呕吐、腹痛、腹泻等症状。为了避免这种反应，吸毒者就必须定时吸食，并且不断加大剂量，千方百计地维持吸毒状态。冰毒和摇头丸在药理作用上属中枢兴奋药，毁坏人的神经中枢，让身体产生强烈的依赖性。久而久之，严重影响吸食者的身心健康和寿命。二是危害家庭。一旦家庭中出现一个吸毒者，就意味着贫困和矛盾围绕着这个家庭，最后的结局往往是倾家荡产，妻离子散，家破人亡。三是危害社会，毒品泛滥对社会生产力产生巨大破坏，影响生产，造成社会财富的巨大损失，同时毒品活动还造成环境恶化，缩小了人类的生存空间。非法经营毒品会扰乱社会治安，诱发各种违法犯罪活动，给社会安定带来巨大威胁。总之，毒品业对人类社会和文明的发展有百害而无一利，必须革除。

将军火业划分为 B 类威胁生存产业，是因为军火只是群体与国家利益的必需，而非人类发展的必需。战争是人类社会的一只怪兽，它不仅夺去了无数人的生命，造成无数劳动力的伤残，还破坏了人类赖以生存的环境。军火业还占用了巨大资源，让人类无法集中力量去发展生存必需产业，从而威胁到整个人类的生存。

军火业是真正的暴利行业，世界上其他任何行业都望尘莫及，其暴利程度甚至超过制贩毒品。以美国为例，第二次世界大战后期，美国的军火业热闹非凡，红火的市场高额的利润，吸引了来自美国社会各阶层、各领域的男女老少。第二次世界大战后，美国军火厂商们又展开了新一轮的垄断竞争：1995 年 3 月，洛克希德公司和马丁·玛丽埃塔公司宣布合并。后来，新公司又兼并了洛拉尔公司的宇航电子系统和通用电气公司的电子系统。这样洛克希德—马丁公司成为全球最大的军火企业，占据了美国国防部采购预算的 1/3 左右的订货。该公司控制了 40% 左右的世界战斗机市场，囊括了美国所有军用卫星的生产和发射业务。

1996 年 8 月，波音公司宣布出资 31 亿美元收购罗克韦尔公司的防务和航天分公司。同年 12 月 15 日，波音公司又宣布与麦道公司合并，成为世界第二大军火企业。1995 年 4 月，雷神公司出资 23 亿美元收购了大型军用电子公司的电子系统公司，随后又兼并了休斯电子公司和得克萨斯仪器公司。雷神公司兼并上述公司后成立了新的雷神公司，垄断了美国空对空导弹的生产，成为世界第三大军火企业。目前，洛克希德—马丁公司、波音公司、雷神公司、诺斯罗普—格鲁曼公司和通用动力公司已经成为支撑美国经济的五大军火巨头，无论是其资产数额还是产品覆盖领域在美国都处于压倒性的垄断状态。军火业如此上位，人类社会哪有和平？

之所以将失控科技划分为 C 类威胁生存产业，是因为科学技术是一把双刃剑，造福人类的能力越强，毁灭人类的威力就越大。如果不对这些异化了的科学技术加以控制，它们将成为威胁人类生存的极大隐患。

科技失控波及众多行业，主要有化学技术中的合成物利用失控，生物技术中的基因利用失控，物理技术中的核能利用失控，人工智能技术中的机器人利用失控等。严格地说，它属于一个行业群。为了表述方便，我们将其归纳为失控科技业。

"生存性产业分类法"的价值何在？一是为人类可持续发展提供了一个理论基础，找到了一个解决方案；二是按此分类，可以节省大量的自然资源和社会资源，使人类的可持续有了可靠的保障；三是不仅为食业找到了位置，更确立了食业在人类社会诸业中的核心地位。当今的行业分工，给人类带来了很多利益和诱惑，但缺少对"生存必需"、"生存非必需"和"威胁生存"的认知，致使投入的财力、智力偏离人类生存需求的本质，并正在威胁地球资源的可持续供给。要实现人类发展目标，就必须大力发展"生存必需产业"，有效控制"生存非必需产业"，逐步革除"威胁生存产业"。

"生存性产业分类法"从可持续角度着眼，阐述了当代人类社会产业结构的本质属性。它提示人类不忘初心，不要在追求生存非必需要素的道路上走得太远，甚至走向自我毁灭。当今人类无限膨胀的需求与生态有限性供给的矛盾日益突出，从种群延续的角度来看，我们应该紧紧抓住"生存必需"这个核心，控制欲望，有所为，有所不为。"生存性产业分类法"给人类文明的可持续发展，提供了一个思路明晰的路线图。它将推动人类社会结构和产业结构的反思与变革，让人们生活得更美好。

第八章　构建解决大食物问题的数控平台

用数字技术控制食事行为，可以大幅提高食事效率。传统的工具和设备只能提高食物获取环节的效率，数字技术可以提高包括食物获取、食者健康、食事秩序等食事全领域的人工效率。食事数控的最大价值，是能够跳出现有局限，展示不当食为的制约能力，全面解决大食物问题。

食事数控学研究食事数字平台的构建，食事数字平台既是一种新型的服务工具，也是一种高效的管控方法。食联网是一个将所有食事连接一体的现代化工具。

第一节　食物数字管控的现状和问题

食事数字管控平台集成 LCD 技术、触摸控制技术、FLASH 技术、视频数据流、传感技术、云计算、网络流媒体技术等功能于一体，具有成本低、效率高、自动化等优点，运用数字技术对人类食事进行管控，是数字时代人类有力的管控手段和工具。它的出现异军突起，它的发展还面临着种种问题。

一、食物数字管控现状

数字技术是一项与电子计算机相伴相生的科学技术，它是指借助一定的设备，将图、文、声、像等信息转化为电子计算机能识别的二进制数字"0"和"1"后，进行运算、加工、存储、传送、传播、还原的技术。用数字技术管控食事，有许多优点，它成本低、公平性高、效率高、可全球化、可持续，可以有效弥补传统食事管理方式的不足，为构建高效、和谐食事秩序开拓出全新的方式和路径。

　　用数字技术控制食事秩序，当今仍处于起步阶段。以区块链应用于农业的现状为例，据斯坦福大学商学研究生院社会创新中心统计，93%的群体处于概念和试验阶段，7%没有此方面的信息，如图8-1所示。

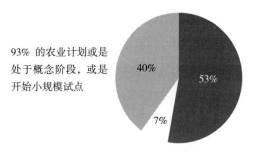

图 8-1　区块链应用于农业的现状

资料来源：斯坦福商学研究生院社会创新中心：《区块链社会影响：超越"炒作"》，2019年，第13页。

　　近年来，食事的数字管控产品初露头角，例如 Yelp、亚马逊的涉食部分和一些餐饮原材料采购平台。它们的出现，极大地简化了食物供销的环节和过程，改变了食物交易的方式，得到供需双方的肯定和欢迎，如表8-1所示。

表 8-1　应用区块链技术的鱼产品供应链

步骤	捕鱼作业	上陆	加工处理	分配经销	通关	零售商	消费者
第一步	船长将以下数据输入电子渔获系统：FAO 主要渔区、渔获物品种、渔船信息捕鱼方法、打捞过程中的检查等	港务局确保在上陆当日上传数据及渔获物总重量，输入或核对船只的渔获系统数据、认证书等	政府检查设施接受渔获物数据，备货加工，在包装中添加二维码	从供应商处获取鱼产品，储存并运输送至零售商、餐厅及进口商处	进入国际贸易的鱼产品要接受数字认证	运行基于机器学习的预测	通过 App 扫码
第二步		给渔获物加上射频识别芯片	上传仓储和加工条件数据、符合食品安全规定信息证明、批号、认证书和二维码等	上传装运和交货的详细信息、储存和运输条件信息、以及仓库、车辆食品安全、卫生措施等信息	上传停留时间、测试结果和清关细节的数据	相应调整订单和促销	接收有关鱼产品的完整信息，例如在何处捕获，在何处以及如何加工和运输等
第三步	基于全球鱼类种群和渔业记录（GRSF），分配通用唯一标识码（UUID）	上传DNA数据以证明真实性			允许输入产品，并通过智能合约自动分散关税	上传传送细节、库存指标和卫生措施等数据为终端消费者提供应用程序（App）	

步骤	捕鱼作业	上陆	加工处理	分配经销	通关	零售商	消费者
第四步						上传DNA数据以证明真实性	

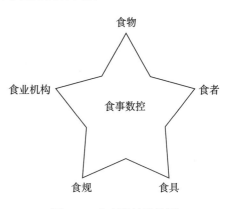

资料来源：联合国粮食及农业组织，《2020年世界渔业和水产养殖状况——可持续发展在行动》，第187页，部分修改后引用。

二、食物数字管控问题

现有的食事数字平台为人类的食事管控指明了方向，提供了一种新兴的管理手段和工具。美中不足的是，它们大多是具有两三个联结维度的平台，都只联结买卖双方，无法进行食事全领域管理。

完整的食事数字平台应该是一种五角结构的平台，五个角代表着互联的五个维度，即食物、食业机构、食者、食规和食具。五个维度之间既互通互联，又相互监督，相互制约，如图8-2所示。

当今食事数控学面对的问题，主要是上述五个维度在链接方面均

图8-2 食事数控结构图

有欠缺和不足，即对食物的连接不够，对食者的连接不够，对食业机构的连接不够，对食规的连接不够和对食具的连接不够。

对食物的连接不够。食物数字管控指的是给每一个食物建立一个 ID，纳入数字平台，进行数字管理。ID 是两个英语单词的缩写，即 identity document，表示"身份文件"。数字化平台时代，每一种食物的 ID，对于计算机检索和场景应用至关重要。SEB 要连接每一组食物。大到一头牛，小到一个汉堡，从加工完成的食品，到未经加工的原材料。在这些食物或包装上安装传感器，生成它们自己的 ID，使其可以在 SEB 上确立身份，得到认知，同时发送和捕获各种数据。理论上数字技术的管理可以精细到每一个食物，但在现实中，植物性食物需求量大，由于基数等原因，如何给每一粒植物性食物建立 ID 仍是一个难点，目前只能用"片组"的方式或以包装为一个单位来解决。这是一个今后需要解决的问题。

对食者的连接不够。所有的人都是食物消费者，亦即食者。要吃出健康，建立一个食者大膳食数据库，把每个人每餐进食的种类、数量、口味、顺序、快慢等信息都发布到 SEB 的应用程序上，经过程序的智能分类、整理，被编辑成可供自己应用和他人参考的进食数据库，让每位食者都可以对照自身情况找到有用的数据，形成最适合自己的科学进食方法。食者数字管控平台是一个关联到每个人的平台，关联的广度和深度，决定着人类个体健康和种群延续。懂吃会吃，如何吃得健康，吃出应有的寿期，这些吃方法知识，都可以通过食者数字管控平台在更大范围里进行精准性传播。现阶段，食者大数据库还远远没有实现。

对食业机构的连接不够。食业机构指与食事相关的单位。食业机构可以通过数字化构建的平台，连接食事机构之间的供求关系，为食业企业开辟一片有广阔盈利前景的新天地，创造新的商业价值。例如，食业企业可以在食事数字平台上放眼全球寻找供货商，采购商品；以最低成本拓展销售渠道，完成合同签订、审核等一系列手续，在缩短交易周期的同时降低交易成本和风险，实现自身利益的最大化。数字化食业机构管理是一种现代化的管理方法，食业者在管理过程依靠的不再是感觉，而是数据。比如，食业机构能通过库存数据来知道自己还有多少存货，通过财务数据能知道公司每天的收入与支出，通过销售数据来观察自己的销售额是多少。有了这些数据，食业机构才能制定合理科学的管理策略，平衡收入与支付，调整生产与销售，从而达到利益最大化，保证业务正常的流转。现阶段，食业机构之间的链接远远不够，其数字化连接标准亟待制定。

对食规的连接不够。食规特指食事互联网各要素之间的运行规则。食规数控是对数字平台的法律规范，是食事数字平台的四个支点之一。要实现食事数控平台的有效管理，相关法律法规的支撑必不可少。食规在食事数控平台中的作用有五个：一是指引作用，用法规指引平台应该如何作为；二是评判作用，通过法规判断平台的行为是否合法；三是预测作用，体现在有了法规之后，可以预测到某种行为是否违规违法，违背了会受到什么样的制裁；四是教育作用，教育平台上的食者、食业者如何守法；五是强制作用，对平台上的违法现象给予强制性制裁。在一些已经出台的食事数字平台上，尤其是一些规模较小的 App 上，食规这一级是缺损的。没有规矩不成方圆，食事数字平台中食规的缺位，是平台问题丛生摩擦不断的根源之一。

对食具的连接不够。食事数字平台上的食具，是指用数字技术连接控制单台或多台设备，是食事数字平台的五个支点之一。食事数字平台构建了人与物与机的全方位互联互通互动互助，其中的"物"就包括食具。连接食具，就是将人工智能、大数据等数字技术装备安装到各种食为工具上，为它们建立属于自己的 ID，实现对食具的自动化、智能化管理，以及实现它们和食联网上其他主体之间的智慧互动。食事数字设备除了能通过计算机、iPad 等装置快速查看传统设备管理软件能够提供的各类信息，如食物采购日期、食材供应商、设备维修记录、保养记录、保养周期等内容之外，还可以实现设备的各类过程信息全程可追溯，如用于记录食物信息和加工参数的工况类信息，用于影响因素、过程参数、环境参数等设备健康评估的状态类信息。尽管对食具的连接已经在部分实施数字平台上得到了部分呈现，但是，距离实现食联网食具深度连接所需要的人力、技术、材料、制造等要求还相去甚远。

食事数字平台是一种新生事物，要发展壮大，应该采用三步走的策略：第一步，从无到有。在这一阶段，应允许非全维的数字平台存在。第二步，从非全维到全维。将一些只有两个维度、三个维度的食事数字平台，提升健全为五个维度的食事数字平台。第三步，全球联网。从某一国度的平台上升到世界性的平台，实现食事数字平台的全球互联。

第二节　构建食事互联网

食事互联网，简称食联网，是由食物、食者、食业机构、食具、食规等节点构成的线上食事运行工具，是用数字技术提高食事效率，解决食事问题的具体方案。构建 SEB 食联网是科技水平发展的必然，是食业文明发展的必然，更是每一个人都有平等获得食物权利的吃权的重要标志之一。

本节包括食联网的结构、实现方式、发展阶段和价值四个方面内容。食联网的构建，将是彻底解决大食物问题的一个可行方案。

一、食联网的结构

食联网是一个以落实可持续发展为任务，以食学体系为理论基础，以区块链数字化科技为技术条件的行动方案。人类可持续发展、食学体系和数字化科技构成了食联网的三角结构，如图 8-3 所示。

食联网之所以能够成为有效解决大食物问题的方案，是因为它的任

务和目标建立在人类对未来社会发
展的共识之上，它的理论基础有力
弥补了原有学科体系的局限，它所
需要的技术条件已经发展成熟，并
具有变革时代的力量。

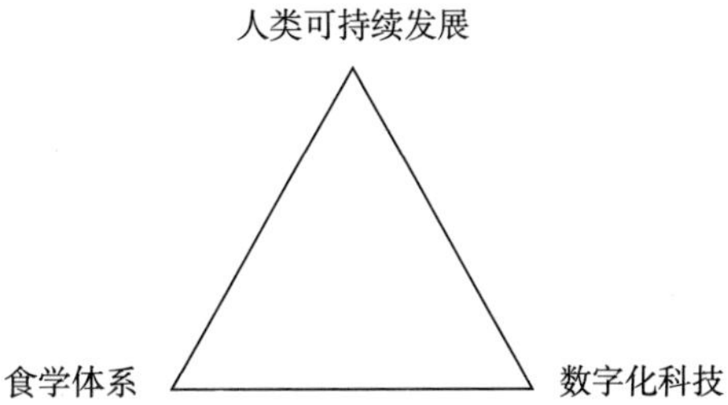

图 8-3　食联网的三角结构

（一）任务目标

构建食联网是为了解决大食物问题。回望人类历史，食事的重要性
不言而喻。然而遗憾的是，尽管人类社会几经转型，新的社会文明一次又
一次被建立起来，可是大食物问题不但没有解决，反而愈演愈烈。这说
明，第一，食事问题一直没能得到应有的重视；第二，原有的解决方法不
够完善。现在，大食物问题已经成为威胁人类生存的世界性难题。构建食
联网，就是要高度重视大食物问题，准确理解大食物问题，创新思路解决
大食物问题。构建食联网是为了落实人类可持续发展。2015 年 9 月，联
合国制定了 17 项可持续发展目标和 169 项子目标，为未来 15 年全球推进
可持续发展指明了具体方向。在 17 项可持续发展目标中，食事是贯穿首
尾的关键主题，至少有 12 项可持续发展目标与食事相关。因此，唯有解
决好大食物问题，可持续发展目标才可能真正实现。

（二）理论支撑

正如 17 项可持续发展目标是一个不可分割的整体一样，其中蕴含的
食事问题也是环环相扣、互为依存的关系。对于这些复杂的大食物问题，
人类的认知呈现一贯重视、偶尔重视、不够重视、认知错位四种状态。

要彻底解决这些大食物问题，必须将它们归纳为一个整体，以一贯
重视的态度加以认知。为此，我们构建了"食学 1-3-13-36 体系"。食学
体系在空间上强调全国乃至全球视野，在内容上汇集所有食事相关领域及
利益主体，在方法上统筹各方信息，平衡各方利益，统一规划，强调不同
利益主体要在同一平台上相互制衡，反对追求自我利益最大化行为。食学

体系将推动大食物问题从"局部治理"向"整体治理"转变，从"百年效果"向"千年效果"升级，推动建立更为和谐的食事秩序，进而促进实现社会可持续发展。

只有食学体系中的 13 个构件全部连接在一起，才能形成完整的食联网。现实生活中已经出现包含单个或几个构件的食联网，我们把包含 1—6 个构件的称为基本食联网；把包含 7—13 个构件的称为次完整食联网；把包含 13 个构件的称为完整食联网。食联网的连接方式包括交叉连接和同类连接，前者指不同构件之间的连接，后者指同类构件之间的连接。

（三）技术条件

解决大食物问题，单纯依靠人的大脑注定行不通，借助数字平台技术是必由之路。

食联网的核心数字技术包括人工智能、云计算、大数据和区块链等。人工智能将数据转化为知识，再通过智能算法形成决策性判断，让机器具备理解和决策能力；云计算拥有强大的计算、存储和通道能力，大数据通过数据叠加产生海量、高增长率、多样化和具真实性的信息资产；区块链则表现为一种分布式的数据库形式，从集中式记账演进到分布式记账；从随意增删改查到不可篡改；从单方维护到多方维护；从外挂合约到内置合约，以此构建全新的信任体系。

数字平台成本低、公平性高、效率高、易全球化、可持续，擅长处理参与主体多、验真成本高、交易流程长的复杂场景，可以有效解决食物行业传统运营方式的痛点。随着人与数字技术系统达成互联互通，沉默的技术系统将获得语境感知，具备更强大的处理能力和感应能力，人类也将开拓出全新的解决大食物问题的方式和路径。

二、食联网的实现方式

食联网既要实现万物之间的互联，也要实现万物与人的互联。具体而言，食联网连接的主体主要包括食物、食者、食业机构、食规和食具。同时，食联网还将衍生出更多的新模式、新业态，为解决大食物问题带来更科学的认知，既规范每一个食者的食行为，也规范每一个食业机构的食行为。

（一）连接食物

食联网要连接世界上的每一个、每一组食物和食物包装。大到一头牛，小到一粒玉米，从原生食物，到加工完成的食品，都要建立它们自己的 ID，在这些食物或包装上安装传感器，使其可以在食联网上确立身份，得到认知，同时发送和捕获各种数据。

在食学体系的食物加工环节，我们为食品设计了一个由数字和英文字母组成的产品编码体系，可以使每个产品都拥有唯一的 ID。烹饪、发酵等产品均可以生成一个唯一的 ID，都可以连接到食联网上。按照应用程序的指令高效率运转，编码里的各种的信息将进入各条传播路径，与其他设备或个体连接，形成智慧的交互。

（二）连接食者

食者指具有摄食能力的自然人。食联网要连接每一位食者，他们的身份证号码就是 ID。所有的人都是食者，吃出健康是食者的基本诉求。为此，我们在食学体系的食者健康环节提出了适用于所有人的《世界健康膳食指南》。它最大的特点是从吃前、吃中、吃后 3 个阶段，12 个维度全面指导进食。该指南充分考虑到每位食者的个体差异性，仅指明了进食要关注的 12 个维度，而不对这些维度制定出群体平均值的量化标准。

要发挥《世界健康膳食指南》的指导作用，需要连接所有人共同构建膳食数据库，发动每个人把每餐进食的种类、数量、口味、顺序、快慢等信息都发布到食联网的应用程序上。这些海量的信息经过程序的智能分类、整理，被编辑成可供其他人参考的进食数据库，让每位食者都可以对照自身情况找到有用的数据。久而久之，总结出最适合自己的科学进食方法。

（三）连接食业机构

食联网还将连接全球各地的食业机构，包括食学体系中 36 个领域的成千上万家企业、事业单位、基金会及社团等，食业机构的执照号码就是它的 ID。

食联网将为食业企业开辟一片有广阔盈利前景的新天地，创造新的商业价值。企业可以在食联网上放眼全球寻找供货商，采购商品，以最低成本拓展销售渠道，完成合同签订、审核等一系列手续，在缩短交易周期的同时降低交易成本和风险，实现交互利益的最大化。

事业单位将在食联网上实现治理理念、数据质量和信息安全的升级。治理理念方面，食联网去中心化的特点将有利于实现多元化的治理理念；数据质量方面，分布式记账及不可篡改性将保证数据的完善、透明；信息安全方面，云存储和隐私保护技术将让存储变得更安全。

食联网还将为基金会和社团组织搭建视野广泛、公正透明的公益平台，不管是从事研究活动，还是慈善募集，都将取得事半功倍的效果。

（四）连接食规

食规是食联网平台上的要素运行规则，也是所有食者和食业机构的行为准则。各种食事应用程序（App）将保障食规的实施和落实。

食联网将连接食学体系中食物获取、食者健康、食事秩序三个方面的海量食事 App，让原本功能单一的 App 彼此互通，创造更大能量，它们的 IP 就可以是 ID。这些 App 将与各类设备、B 端及 C 端共同形成智能系统闭环，应对纷繁复杂的食事问题。具体地说，食物获取方面，可以通过分析食母系统、食物产量、商品价格等数据，提升农作物产量、协调食物生产品类、调度食物供应等，帮助食业机构生产好食物；食者健康方面，可以提供溯源信息、分析食物偏性、合理膳食搭配、监控食物安全、减少食物浪费等，帮助食者获得健康；食事秩序方面，可以宣传食事政策规范、提升监管力度、普及各种食育知识、收集食文献、开展食事研究等。

（五）连接食具

食具是食为工具的简称，它指人类在食为活动中为提升人工效率而生产和使用的工具，包括手工工具和动力工具。连接食具，就是将人工智能、大数据等数字技术装备安装到各种食为工具上，为它们建立属于自己的 ID，实现对食具的自动化、智能化管理，以及实现它们和食联网上其他主体之间的智慧互动。进入食联网的食具将食者、食物、食业机构、食事应用程序（App）等各主体连成一体，安装在食具里的芯片、传感器及无线通信系统将接受来自其他主体发出的各种指令，并进行相应的运算、分析、传输，进而完成各种操作。

可以想象，一旦实现智能连接的食具被广泛应用于食物获取、食者健康和食事秩序的各个方面，它们将对解决人类大食物问题产生根本性的推动作用。比如，餐桌上的餐具可能从单纯的手工工具，变身为可以指导人们合理进食的健康膳食"专家"；农田里的动力工具可以根据指令，在规定的时间、地点，用规定的方式，安全、高效、精准地完成规定的工作，并实时传送工作报告。而且，在数字技术的保障下，各种作业还将更加节能和环保，对食母系统造成的污染将大幅降低，更有利于实现人类社会的可持续发展。

三、食联网的发展阶段

食联网可以分为两个阶段，即解决特定问题阶段和多点多级递进阶段。在解决特定问题阶段，特定区域的食者、食物、食具、食业机构、特定功能的 App 将被连接起来，为了解决某个特定的大食物问题而联合工作。这个阶段主要以解决相对单纯的大食物问题为主，覆盖区域相对较小，会形成一定数量的小型食联网。进入多点多级递进阶段，两个或两个以上的小规模食联网将为解决更复杂的大食物问题快速连接起来，结成一个整体。在这个阶段，大量小型食联网会迅速成长为中型和大型食联网，最终覆盖全国乃至全球。

（一）解决特定问题阶段

目前，人类已经进入食联网的初级阶段，连接食者、食业机构等利益主体的小型食联网已经出现。比如，应用数字技术的咖啡供应链就是其中之一。2017 年，美国区块链技术公司 Bext360 开始运用机器学习、人工智能和区块链技术来打造智能咖啡供应链。他们设计出一种布满传感器的机器，把咖啡果分出三个等级，据此定价。他们把分析数据公布给收购商，同时通过智能合约，按此数据从线上向生产者付款。咖啡的产地、质量、收购者、支付详情等数据，连同咖啡到达终端消费者过程中的每条信息都被存储在一个区块链上，以确保供应链的透明性和可追溯性，而且终端消费者还可以查询批发商或零售商的忠诚度记录。

这条供应链的创新价值在于，它运用区块链等数字技术，解决了传统供应链中利益相关者之间缺乏可见性和透明度的问题，进而帮助生产者获得更公平的价格和更高效的交易速度，帮助消费者为咖啡追根溯源，帮助交易双方省去中间手段，让利润最大化。

目前，这条供应链已通过埃塞俄比亚、尼加拉瓜等国的小型项目惠及数千名农民。展望未来，它可以作为小型食联网典型，应用于全球大部分农产品交易。①

---

① 本案例参考以下资料，《财富》杂志（*Fortune*）："This Blockchain Startup Ties Coffee to Crypto"，见 https://fortune.com/2017/09/29/national-coffee-day-starbucks-blockchain/，转引自知乎专栏：《全球第一家区块链咖啡农业公司 Bext360》，见 https://zhuanlan.zhihu.com/p/36819627?utm_id=0；福布斯（*Forbes*）：科技农业及区块链新兴公司 Bext360 募集 335 万美元，为商品提供可溯源性（AgTech Blockchain Startup Bext360 Raises $3.35 Million to Provide Traceability to Commodities），见 https://www.forbes.com/sites/alexknapp/2018/06/01/agtech-blockchain-startup-bext360-raises-3-35-million-toprovide-traceability-to-commodities/#3d1c4fa36d25；Bext360 官网，见 https://www.bext360.com。

（二）多点多级递进阶段

在多点多级递进阶段，为了解决更复杂的食事问题，两个或两个以上的小型食联网将合为一体，分享彼此数据，自动化某些过程。

在多点多级递进过程中，小型食联网在空间上将向城市、国家、洲际扩大，在达到足够规模之后，形成更大型的食联网。当数个大型食联网实现彼此共通之后，互联网的力量便将呈指数增长，产生可以生成自身智能的协同系统，实现"整体大于部分之和"的网络效应，最终形成覆盖全球的食联网。正如梅特卡夫定律所阐释的那样，互联网的价值与其用户数的平方成正比，实现万物互联的食联网，将产生令人难以置信的强大能量。

四、食联网的价值

在多如牛毛的食事问题之前，食联网最重要的价值有两个，一是它的管控工具价值，二是它的管控手段价值。

21世纪人类面临的挑战是全球层面的。当气候变化引发生态灾难时，人类会怎样？当我们的食母系统资源走向枯竭时，人类又会怎样？当食事引发传染性疾病时，人类如何应对？当全球饥饿人口不断增加，同时食物浪费又日趋严重时，等待我们的又将是什么？这些问题既无法凭借某一方的力量解决，也不可能单纯依靠人类的大脑解决。在这些难题面前，我们唯有携起手来，借助高科技，整体认知，整体解决。食联网就是这样一个高科技的整体解决人类大食物问题的工具。

古往今来，没有什么问题比食事问题更值得重视，没有什么问题比食事问题更能让地球村民受益，没有什么问题比食事问题更能把全球最广泛的力量团结在一起。食联网可以更加高效地解决大食物问题。功能强大的智能化控制系统在降低人类食事劳动强度的同时，提升其效率、标准化和精准度，让食事体系运转得更加科学、合理。食联网有强制性管控手段，可以全球化，对于解决全人类整体的大食物问题有得天独厚的优势，更有划时代的意义和价值。

我们相信，食联网可以让解决大食物问题的创新想法成为现实，推动落实可持续发展目标，构建可以观照全球 77.1 亿人的食事新秩序，让人类最终迎来食事文明的曙光。

第九章　构建应对大食物问题的个人治理体系

人类是由单独的个体组成的。食事问题的底层，就是个体的食事问题。解决食事问题，也必然从食事问题个体治理做起。

吃，即食物摄入，也称摄食、进食，是食物被人体摄入并转化的过程。世界上的每一个人，都是一个独特个体，且这个个体每天每时都是变化的。换句话说，77亿个人，就有77亿个食物转化系统，没有一个是相同的。每一个人的肌体特征都是与众不同的，要想吃出健康长寿，就必须按照自己的身体特征选择食物、选择食法。

吃事如此重要，吃学如此丰富，可惜的是，在食事问题个体治理方面，吃被严重地忽视了。吃，被当成了天天重复的些许小事；吃学，既没有进入通识教育的课堂，也没有进入当代科学体系。

个体食事问题的主要冲突为食物与肌体内部的冲突，治理内容为对人类个体不当食为的认知与矫正，治理目标是解决人类个体的健康寿期问题。食事问题的个体治理以全面的认知观为切入点，使个体通过掌握正确的吃方法，摒弃陋俗与非环保行为，实现预防吃病、践行吃疗、减少食物浪费的目标，兼具个人健康与社会发展双重收益。

第一节　全面认知食者健康价值

对个体食事问题正确的认知，是全面彻底解决个体食事问题的前提。食者个体和食物的关系，基本上存于食者健康环节。在食者个体层面树立全面认知观，主要是指食者个人在食者健康环节的认知。这些认知包括对食物元性、元素的双元认知，对肌体体性、体构的双元认知，对吃方法的三阶段全维度认知，对吃审美的五觉双元认知等。本节从另外一个角度，谈谈食事问题个体治理中的认知问题。

一、对食者健康的认知

食者健康是食物利用效率的体现，食物的利用过程，即人们摄入食物维持生命健康的过程，是人类食为的重要内容。食者健康是食学三角不可或缺的一个支撑点。食者健康的核心，是强调每一个食者的个体差异性，强调进食要适应每一个人的食化系统。食物利用效率是指食物与生命长度的比值。

食者健康学，其本质是研究如何实现食物利用的最高效率，以实现食者的应有寿期。食物利用效率即食物转化的效率，食物利用效率的终极体现是人体的健康与寿期。也就是说，食者健康学是研究食物进入人体的转化效率及其规律的学科，是研究食物被人体充分利用的过程及其结果的学科，是研究食物被人吃入、消化、吸收、释放、排泄等食物转化的全过程及其规律的学科，是研究食物能量向人体转化的过程及规律学科，是研究解决人类食病与健康问题的学科。

（一）食物利用学的人物与结构

食者健康学的任务是指导人类高效地利用食物，让每个人吃出健康与长寿。食者健康学指导人类从多维度认知食物与肌体，从多维度选择吃方法，从多维度观察食物排出，从而吃出健康与长寿。食者健康学的任务是指导人类认识食病，改变不合理的食物获取行为和进食行为，让每一位食者都能吃出健康与长寿。

食者健康学的结构为"六星"结构，由食者、食物、吃法、吃病、吃疗、吃审美六个要素组成。它们之间有三种关系，即依赖关系、因果关系、感知与被感知的关系。食者与食物、吃法是依赖关系，食者依赖食物、吃法而健康生存；食病与食物、吃法是因果关系，食病是果，食物、吃法是因；吃审美与食物是感知与被感知的关系，食物是被感知的主体，吃审美是感知的过程。食者健康学的体系由食物成分学、食者肌体学和吃学组成。

食物利用的核心是食物转化的高效率。如何实现这个高效率，首先要了解自己的肌体结构，辨识自己的肌体特征；其次要辨识食物的种类和特征；最后是如何吃，即选用什么样的食用方法。

（二）食者健康的目标和价值

食者健康的目标是吃出健康与长寿，而吃出健康与长寿的关键是食物利用要适应每一个食者个体的食化系统。也就是说，食物转化效率高低的第一责任人和唯一责任人是食者自己。食者健康学的价值在于强调"食在医前"，挑战"大医疗"；强调人的健康管理要从上游抓起，从而减少医疗成本。

食者健康学体系的构建有四点创新，一是确立了对食物成分的双元认知，从食物元性和食物元素两个维度认知食物，比单一维度认知食物更加接近客观本质。与此同时，食物元性学的确立，为人类数千年积累的食物认知理论，找到了科学的定位。二是确立了对食者肌体的双元认知，从食者体性、体构和食者体构两个维度认知食者肌体比单一维度认知食者肌体，更加接近客观本质。与此同时，食者体性、体构学的确立，为人类数千年积累的人体认知理论找到了科学定位。三是纳入了医学中的口服治疗部分，即偏性物吃疗、合成物吃疗两个学科，让人们能够更全面地认识"吃的本质"，更高效地利用"吃的价值"。四是新设立了三个学科，即吃方法学、吃美学、吃病学，填补了人类食事认知领域的空白，为如何吃出健康与长寿提供了理论支撑，将会产生巨大的社会效益与价值。

（三）食者健康面临的问题

食者健康面临的问题是食物利用效率低，导致人类个体的健康受到影响，寿期不充分。要解决这一问题，就要找到有效路径，提高食物利用效率。

提高食物利用效率的路径是三个多维，即多维辨体、多维辨物、多维进食。这里强调三个"多维"，是因为人类以往在这三个领域的认知不够全面，常常以偏概全。多维认知可以让我们更接近客观，从而更好地顺应食物转化系统（食脑），"头脑"要服从"食脑"，而不去干扰它、强迫它。特别要认清人类肌体的四个食特征：食物能量的储存性、甜与香的偏好性、饱腹感反应的延迟性和饥饿惯性。人类所有关于食物利用的行为都要紧紧围绕着食物转化这个核心点，切不可偏离，一切偏离核心的行为都是愚蠢的。

二、对肌体健康的认知

要治理解决个体食事问题，首先要对自己的肌体和肌体健康有准确的认知。对肌体情况认知不准，就无法准确选择食物和吃法，无法取得个体的健康与长寿。

（一）人体生存状态三阶段认知

人体生存状态的三段论，是对人体健康、亚衡和疾病这三个阶段的认知，它是对食者肌体和肌体健康的方向性认知。对人体生存状态的认知，无论是传统医学还是现代医学，基本上都是疾病、健康的两段论。在长期的医疗实践中，它们虽然也意识到在这两者之间应该有一个中间状态，例如传统医学提出"治欲病"，现代医学提出"亚健康"，但"欲病"是疾病阶段的延长，"亚健康"是健康阶段的延长，都没有明确地提出这个中间状态，更没有为这个中间状态予以科学的命名。

在食事问题个体治理体系中，把人的生存状态明确分为 A、B、C 三个阶段，即 A. 健康，B. 亚衡，C. 疾病，明确提出人体有一个中间状态，并把这一状态命名为亚衡。这一命名的含义是：人体健康就是肌体的平衡，疾病是肌体的失衡，而中间状态表明肌体的平衡出现了问题，但还没有达到疾病的地步，如图 9-1 所示。

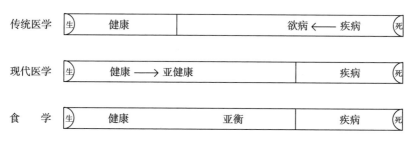

图 9-1　人体生存状态的三个阶段

人体生存状态三段论的提出，对于人类健康管理提出了一种新的目标。传统医学以 A 阶段为靶向，目标是健康；现代医学以 C 阶段为靶向，目标是祛病；而食学以人体亚衡为靶向，目标是让肌体重归平衡。三个不同的目标产生了三种不同的应对方向和应对方法，三个不同的着力点。人体生存状态三段论的提出，会增强人类对 B 段的重视和研究。而 B 段得到重视，就可以大大压缩 C 段。人体生存状态三段论为预防疾病提供了重要抓手，从某种意义上讲，抓住了 B 段，就抓住了健康长寿的主动权。人体生存状态三段论的提出，为人体健康管理打造了一道防火墙，为食在医前、人体健康管理要从上游抓起提供了理论支撑，也为食物调疗找到了理论支撑点。

人体健康三段论不仅具有重要的理论价值，还具有非常现实的实践价值。它可以有效地提高人类个体生存的幸福度，有效减少社会医疗支出，有效减轻家庭医疗负担。

（二）食脑为君大脑为臣认知

1907 年美国解剖学家拜伦·罗宾逊提出了"腹脑"的概念[①]，之后也

[①]　Byron Robinson, *The Abdominal and Pelvic Brain with Automatic Visceral Ganglia*, Betz, 1907.

有人将其称为"肠脑"。中国脑外科医生王锡宁提出的医学解剖新观点认为，人体是由两个对称的身体构成的。颈上人的身体构造为男、女双性体，颈下人的身体构造为男、女单性体。1998 年美国解剖学和细胞生物学教授迈克尔·格肖恩在他的《第二大脑》[1] 一书中说，每个人都有第二个大脑，它位于人的腹部，负责"消化"食物、信息、外界刺激、声音和颜色。2019 年，笔者提出了"食脑"的概念。在这个领域，对人体食物转化系统的认知，不应归于医学，而应归于食学，因为食不仅是提供能量，还会转化为肌体本身。因此，食脑与腹脑（肠脑）的区别，也不止是名称有异。在性质上，腹脑强调的是位置，食脑强调的是功能；在范围上，腹脑强调的是局部，食脑强调的是整体；在学科归属上，腹脑隶属于医学，食脑隶属于食学。

食脑维持生存，头脑指挥行为，头脑服务于食脑，头脑指挥不了食脑。食脑，是转化食物的智慧系统，是向内的；头脑，是指挥行为的智慧系统，是向外的。食脑和头脑是君臣关系，食脑为君，头脑为臣。这是因为食脑诞生于动物演化的初期，而头脑是在满足食脑需求的过程中逐渐演化出来的，头脑是为食脑服务的。食脑存则头脑存，食脑亡则头脑亡，头脑亡食脑亦可存，例如植物人。

头脑诞生于食脑，成长于食为。人类在获取食物的过程中，发现巧取胜过豪夺，于是在巧取的方向越走越远，越走越快，使头脑的智慧系统远远超过了其他动物，脑容量达到 1300 毫升。所以说，头脑的成长来自食事行为。

食脑决定你的肌体健康，头脑只是辅助。头脑指挥不了食脑，也就是说食脑我行我素，从不听从头脑的指令，这个定律在当今头脑崇拜的时代里被严重忽视了。人们夸大了头脑的功能，以为头脑可以指挥食脑，从

---

① 　Michael D. Gershon, *The Second Brain*, Harper Collins, 1998.

而导致一些危害肌体健康的行为出现。

如果说头脑通过指挥人的行为而去影响食脑，那也会有三个结果：有益于食脑系统、无益于食脑系统、有害于食脑系统。现实中，头脑也会帮倒忙，常常事与愿违，伤害了食脑的运行机制，从而伤害了身体的健康。

人类要想吃出健康长寿，就要分清食脑与头脑的关系，信奉食脑为君。否则，将事与愿违，事倍功半。

（三）对征而食认知

只有根据自己的肌体特征，选择最适合自己的食物和吃方法，才能吃出健康与长寿。

世界上的每一个人的肌体特征都是与众不同的，要想吃出健康长寿，就必须按照自己的身体特征选择食物、选择食法。"对征"就是指认识自己的肌体整体特征与需求，认识每天每餐前的肌体特征与需求。"而食"是指选择食物和食法，选择食物要从食物元性和食物元素两个维度，去寻找最适合自己的食物；选择食法要从数量、温度、速度、频率、顺序、生熟等六个方面，去寻找最适合自己的方法。

世界上没有长生不老药，也没有放之四海而皆准的长寿菜谱。对征而食定律说明的是，你的一日三餐要适应你的肌体特征，要选择适合自己肌体特征的食物和食用方法，才能保障你的健康长寿。换句话说，在健康饮食这件事上，不要统一标准，不要统一定量，只要适己，只要适量。

对征而食有三个关注要点：一是体性、体构是不断变化的，要注意察觉和把控它的规律；二是食物是多样的，要注意找到对征的食物；三是进食的方法有 7 个维度，要注意找到最佳的组合。市场的名贵食物，对于你来说，不一定名贵；民间的长寿食物，对于你来说，不一定应验。都是因为你的肌体体性、体构与众不同，因为你的食化系统独一无二。对人的肌体要双元认知，不能偏废，不能抑此扬彼。

（四）"食在医前"的认知

食事是指与食物获取、利用相关的活动及结果。医事是指治疗疾病的相关活动及结果。食事、食学、食业是医事、医学、医业的上游，抓上游事半功倍。

"食在医前"认知的根本含义是明确三个关系：食事与生命是充分条件关系；食事与许多疾病是因果关系；食事与人类可持续发展是必要条件关系。

食在医前认知，就是把食事、食学、食业置于医事、医学、医业之前。以此认识生存要素的权重，矫正现行社会运行机制，提高社会运行效率，减轻社会负担；以此认识健康要素的权重，更新健康理念，普及食学教育，提高个体健康水平；以此认识可持续发展要素的权重，升级文明范式，保障人类可持续发展。

食在医前认知在当代具有五个重要的现实意义，一是可以使人们的身体更健康、生活更快乐、生命更长寿；二是可以大幅节省家庭医疗费，减少"因病返贫"的现象出现；三是可以大幅减轻政府沉重的医保负担；四是可以优化社会运行机制；五是可以维护人类可持续发展。

如果把健康管理看成一条河流，那么，食事是上游，N 事是中游，医事是下游。分清上中下游的关系非常重要，如同得了疾病就是这条江河下游的水被污染了，医事就是在下游打捞垃圾；食事就是在上游控制污染源头。医事是"亡羊补牢"；食事是"未雨绸缪"。抓上游管理，事半功倍，有了好食物，再加上正确的食用方法，就会减少疾病，远离医院。如果会吃食物，就会少吃药物。食物离健康近，药物离疾病近。

有许多人没有认识到食在医前的重要性，反而以扩张医业为本，以压缩食业为荣。社会运转机制放大了医业在健康中的作用，其结果是加大了社会的运行成本，占用了过多的社会资源，不能达到理想的效果。例如，美国的医业水平世界第一，医业支出占比世界第一，但人均寿命却不是世界第一，而是排在第 34 位。

食学是医学的上游。从生存的角度来说，食学是医学的上游，因为食事决定生命。从健康管理的角度说，食学是医学的上游，用食学管理人体健康，属于上游管理、主动管理。用医学管理人体健康，属于下游管理、被动管理。从社会运行成本来看，食学是医学的上游，食学在前整体运行效率高，医学在前整体运行效率低。从可持续发展的角度来看，食学在前可以持续，医学在前不可持续。

（五）食化核心认知

食物转化系统是所有食事的核心，是个人健康管理的核心，是社会健康管理的核心。

食物转化，是指食物进入人体后转化为肌体构成、能量释放、信息传递、废物排出的全过程。从食物获取、食者健康、食事秩序这三个领域来看，食者健康是核心，不能把食物获取作为核心，因为生产是为了利用。

在食者健康这个领域里，食物转化系统为核心，一切食物的美化，一切吃事的礼仪，一切筵宴的理由，都必须服从食物转化系统的需求。只有这样，才能吃出健康、吃出长寿。否则，山珍海味、亲情宴请都会威胁你的健康。

在食事三系统中，食物转化系统是健康长寿的核心，食事行为系统与食物转化系统相生相存，食物转化系统与肌体存在系统相生相长。一切背离食物转化系统为核心的食事行为，都会威胁食者个体的健康长寿。

（六）两长一短长寿认知

健康阶段长与亚衡阶段长，疾病阶段短，是长寿的模式，反之则是短寿模式。

关于人体生存状态，过去都是从健康和疾病两个阶段来认知，虽然有"欲病""亚健康"的概念，但本质还是两段论，最多可以算 2.5 段论。

只有将人体生存状态分为三个阶段，才能更好地实现健康长寿。这就是三段论，即健康阶段、亚衡阶段、疾病阶段。与人体生存状态两段论相比，就是把健康与疾病的中间状态明确为一个独立的阶段，即亚衡阶段。

针对这三个阶段，人们会有不同的应对方式。现代医学主要应对疾病阶段；传统医学可以应对亚衡和疾病两个阶段；食学的应对贯穿全部三个阶段，也就是说无论是健康还是亚衡和疾病都离不开食事。

在人体的健康管理中，若要健康长寿，首先是维持肌体平衡，且时间越长越好。其次就是要及时调理亚衡，不断调理亚衡，远离疾病。因此，就要设法延长第一个阶段和第二个阶段，缩短第三阶段。这是使人健康长寿的最佳模式，即追求健康长寿的两长一短法则。谁把握了两长一短法则，谁就把握了自己的健康长寿。

（七）化添剂魔术师认知

化学食品添加剂是可以改变食物外形和质感的化学合成物。经它打扮过的食物，可以欺骗头脑，却欺骗不了食脑的认知。化学添加剂诞生于 19 世纪初。200 余年的发展，它已经成长为一个超级大家族，仅食品化学添加剂就达到 25000 种。这些化学添加剂改变了食物的外观和适口性，得到人们的青睐。其实，它只能满足人的视觉、味觉、嗅觉、口腔触觉等需求，并不能满足人体的营养健康需求。

化学食品添加剂，可以按照头脑的需求，提高食品的感官属性。色香味形，只有你想不到，没有它做不到。其实，化学食品添加剂就是一个魔术师，它欺骗了你的五官，欺骗了你的头脑，却欺骗不了你的食脑。人类要想吃出健康长寿，就要认清化学食品添加剂魔术本质，不被它的魔术所欺骗。人类只有尊重食物转化系统的需求，才能在健康长寿这件事上把握主动权。

（八）吃事五觉双元审美认知

绘画、雕塑是视觉审美，音乐、歌曲是听觉审美。电影、戏剧是视觉和听觉的二觉审美。品鉴食物的吃事是味觉、嗅觉、触觉（口腔）、视觉、听觉（口腔内外）的五觉对食物的鉴赏过程。五觉审美的核心是味觉、嗅觉、触觉的审美，因为盲人和聋人依旧可以品鉴出食物的美。

传统的美学理论只承认人的视觉和听觉具有审美功能，能产生审美感受，而其他感官都与人的生理本能相联系，是低级感官，并不能产生精神性的审美感受，因此对食物的鉴赏一直未被纳入美学体系。五觉审美理论的提出，打破了这一藩篱。五觉审美理论认为，味觉、嗅觉、触觉、视觉、听觉均为人的感觉，都会感知外界的信息，都会有愉悦和厌恶的体验，没有高低贵贱之分。食物的味道、气味、触感、形色和声响，同时作用于人们的五官感受，这是其他形式的审美所不具备的，这是一种全感的艺术，不应被排除在人类审美的范畴之外。

吃事是心理和生理统一的审美机制。心理反应与生理反应不是对立的，而是统一的，这是由吃事的独特性所决定的。既可以吃出食物之美，又可以吃出健康之美的人，才可以称为真正的美食家。食事承载健康，健康是一种美，健康是每一个人都需要的美。非健康的食物和吃法，只能归结于丑，不能归结于美。

（九）肌体双元认知

要想全面了解人的肌体，就必须从肌体结构和肌体性、体构候两个方面来认知，任何单一方面的认知都是片面的。

人类对自己肌体的认知经历了从无知到已知的漫长过程。一是对肌体特征的验证认知。特别是在"阴阳论"基础上的辩证认知，把每一个肌体都视为一个整体，用二分法层层推理，且时时归纳，动态把握每一个肌体的特征。二是对肌体结构的视觉认知。近代人体解剖学创始人、比利时医生安德烈·维萨里于1543年出版的《人体构造》，描述了人体的骨骼、肌肉、血管和神经，意味着近代人体解剖学的诞生，人们对肌体的结构认识越来越清晰。人体解剖学又可以分为大体解剖学、显微解剖学、特种解剖学。今天人们对肌体结构的认知已经非常成熟。无论是肌体性、体构候认知，还是肌体结构认知，都是反映了肌体内涵的一个侧面，肌体性、体构候认知，强调整体，强调个性；肌体结构认知，强调局部，强调共性。二者各有所长，不能互相替代。只有秉持肌体认知双元法则，即从肌体性、体构候与肌体结构两个方面去认知，才能全面、准确把握自己的肌体，才能更好地去适应它的需求，达到健康长寿。

（十）上医是自己认知

两千多年前，《黄帝内经》提出："上医治未病，中医治欲病，下医治已病。"既然上医这么神，那我们应该去找上医看"未病"，让我们不得病、少得病。

"未病"就是未来之病，就是今日健康。"未病"与"健康"是一个事情的两个方面。健康不是永恒的，健康的未来有可能是疾病，所以健康就是未病。人无远虑必有近忧，古人用"未病"替代"健康"，是一种远虑思维，具有"未来之病"的远虑。健康的概念，告诉我们平安无事。"未病"的概念，告诉我们，健康随时都会失去。那么，我们应该如何面对"未病"？这里的"治"就是"防"，我们可以把"上医治未病"理解为"上医防未病"。

"防"表现在"寒暑心动吃"五个方面。寒，指受寒，致病因素之一，要防寒知寒，察寒御寒；暑，指中暑，致病因素之一，要防暑知暑，察暑御暑；心，指心态，是致病因素之一，要及时调整坏心态，保持好心态；动，指动态，是致病因素之一，要根据自己体质把握动与静的节奏；吃，指吃事，是致病因素之一，要适时满足自己肠胃和肌体的需求。其中，吃最为重要，也最为复杂。

上医在哪里？上医只能是自己。因为自己最了解自己的身体变化，最容易发现来自各个方面的病苗。既然上医是自己，那就要做一名称职的上医，要为自己的健康尽职尽责。要树立"食在医前"的理念，要提高"防止病来"的能力，要摒弃"挣钱治病"的观念。要做健康长寿的主动者，不做恐慌疾病的被动者。

自己是自己健康的责任人，自己是自己健康的受益人。上医是自己，他处无上医。健康是未病，不能没远虑。寒暑心动吃，谨防病苗起。学习做上医，此生少患疾。做个好上医，百岁寿可期。

三、对食物和吃法的认知

食者个体食事问题的凸显，有两个重要原因：一是食物出了问题，二是吃法出了问题。因此，在食事问题个体治理方面，对食物和吃法的认知就显得十分重要。

（一）药食同理认知

关于食与药的关系，有句俗话叫"药食同源"，即食物和药物有一个共同的源头。其实食物与药物之间还有一个一直被忽略的更为本质的关系，那就是"药食同理"。这里所说的药，特指口服药，不包括外用药。所谓药食同理，是指无论是入口的食物还是入口的药物（包括偏性食物和合成的西药片），都是通过口腔进入体内，依靠胃肠等器官作用于人体健康，因而原理上都是一样的。所以食学体系中"食物"的概念既包括偏性食物，也包括口服合成物类药物。

药食同理是食学中的一个法则，把食物和口服药物放进一个范畴认知，更有利于我们认知食物与健康的本质关系，进而正确地实践和把握进食规律，吃出健康。

药食同理打破了传统的食物与药物原有的认知界限，是食学认知的重要成果，是 21 世纪食事认知的新进展。

偏性食物疗疾认知食物是有元性即性格的，偏性食物能够作用于肌体不正常状态，利用食物的偏性可以预防疾病和治疗疾病。

人类对食物成分的认知，自显微镜发明以来，偏向于食物元素认知。其实，食物成分包含元素和元性两个方面。如同人是有性格一样，食物也是有性格的，且食物元性与肌体健康有着密切的关系。最早发现这个客观现象的，是中国的先人。利用食物元性预防和治疗疾病，是中华民族奉献给世界的公共产品。

食物不仅可以充饥，维持生存，还可以治疗疾病，保障健康。具体有三个方面的功能：一是可以调理肌体的亚衡，预防疾病发生；二是可以治疗"食病"，即因食物和吃法不当引起的食病，恢复人体健康；三是可以治疗其他原因导致的疾病，恢复人体健康。对食物元性的利用是人类独有的智慧，更加充分、全面地利用食物元性，会给全人类带来巨大的福祉。

食物元性的利用价值，至今没有引起人类的高度重视。第一，可以预防疾病发生。当人的身体感到略有不适时，食入不同性格的食物，就可以及时得到调理，可以减少疾病的发生。第二，可以使生命更健康。预防做得好，疾病得的少，少得疾病不仅少受痛苦，更重要的是身体少受伤害、少受损失，这是保障健康长寿的前提。第三，可以节省医疗费。不得病没有医疗费，少得病少花医疗费。有了病，用食物治疗的成本低于药物治疗，可以大幅减少家庭医疗费的支出。第四，对肌体的副作用少。使用天然食物防病、治病，比起化学合成物、放射性治疗、手术式治疗等方式，对肌体的副作用要少很多，天然食物与肌体构成更加契合。第五，社会运行效率高。由于疾病减少，可以大幅缩减医疗产业规模，使剩余的社会资源转向其他领域，还可以大幅减轻国家医保负担。

天然食物产业没有环境污染，现代医疗产业污染严重，加重社会运营成本。由于疾病减少，可以释放更多劳动力，因此对食物元性的早一天认知，早一天利用，就可以早一天受益。

（二）好食物是奢侈品认知

提到奢侈品，人们想到的一定是那些价格昂贵的稀有商品，比如名牌背包、手表、服装、汽车等。其实，好食物也是奢侈品，而且是必需的奢侈品。

许多人为了追求一件非食物的奢侈品，往往会压缩"吃"的开支，选择便宜而不够健康的食物，这实在是本末倒置。消费者要为好食物的成本买单，古语说"谷贱伤农"，其实食物价格过低也会"谷贱伤农亦伤民"。因为如果大家都不肯为好食物的成本买单，只是一味地追求价廉物"美"，就没有人愿意生产好食物，劣质食物就会流行泛滥，最终受伤的不仅是食物生产者，更包括食物消费者。

作为食者，要树立好食物是第一奢侈品的理念，乐于为好食物的成本买单，给好食物的生产者、加工者应有的收益和尊重，以此推动食物获取的正循环，让77.1亿人的食用健康得到保障。

（三）食物双元认知

要想准确地把握食物成分，必须从食物元性和食物元素两个方面来认知。任何单一方面的认知都是片面的。

人类对食者健康价值的认知，经历了三个阶段。第一个阶段，是对食物外在特征认知，主要依靠人类的感官，以食物外观把握食物的利用价值，这个利用主要体现在充饥方面，这个历史阶段最长；第二个阶段，是对食物内在的性格认知，主要依靠人类的智慧与经验，以食物元性把握食物的利用价值，这个利用既体现在充饥方面，又体现在疗疾方面，这个历史阶段有4000年；第三个阶段，是对食物内在的元素认知，主要依靠显微镜，本质是一种视觉认知，以食物元素把握食物利用价值，这个利用主要体现在充饥与健康方面，这个历史阶段有300年。

显微镜诞生于1590年，随着显微镜技术的不断进步，人们开始认知食物元素，重点是对营养素的认知，并以此诞生出营养学体系。其实，食物成分里面除了营养素，还有无养素，还有未知素。

近代的科学体系强化了以营养学为代表的食物元素认知，弱化了传统的以偏性食物为代表的食物元性认知。其实，食物元性的认知，最大的价值在于预防疾病、治疗未病。

要想让人类更健康，就要充分地利用食物的价值，就要有食物元性与食物元素的双元认知，才能全面把握食物的功能与价值。任何一种单方面的认知都是片面的，都不能发挥出食物的最大价值。

四、对食事行为的全面认知

食事是与食物获取、利用相关的行为及其结果；食为是食事行为的简称，是指食物获取、利用的相关活动。对它们的认知正确与否，都与食事问题个体治理密切相关。

（一）食母产能有限认知

食母是食物母体的简称，即孕育食物的食源体。食源体能够供给人类食物的总量是有限的，不是无限的，不能无视人口总量的暴增。

食物母体系统的总产量有限，是地球的体量和质量的规定性所决定的，是说它孕育可供人类食用的植物、动物、矿物、微生物的总量是有限的，它不会以人类的意志为转移。换句话说，就是它能供养的人类人口数量是有限的，不是无限的。

回望人类的发展历史，尽管人口不断增长，但其人口总量一直在食物安全的范围之内。进入 21 世纪，人类将迎来人口的"百亿级时代"，从食物的供需平衡来看，这是一个由量变到质变的过程。当人类以百亿、数百亿的量级存在这个星球上时，食物母体的产能临限问题就出现了，在这个时代人类的食物需求将逐渐接近食物母体产能的上限。

人类应该有勇气正视这个事实，有智慧控制人类的繁殖，有方法控制人口的总量。要始终保持食物产能大于食物需求的态势，人类的生存与延续才是安全的。无论人类的未来如何"文明"，一旦食物需求大于食物供给，必将成为人类的灾难。有人说，人类可以用智慧开发食物母体的潜能，增加食物的供给量，但这也是有限的。还有人说，我们可以依靠科技的进步，到地球以外的空间索取食物。其实，这是当今"文明"因资源不可持续而画的一张大饼，是不能用来充饥的。

地球食物母体系统，是宇宙中唯一能够给人类提供食物的系统。食物母体的产能是有限的，人类不能捅破这个"天花板"。

（二）食事双原生性认知

人是原生性的生物，只有依靠原生性食物才能维持生存与健康，不能依靠人造食物，要摒弃依靠人造食物生存的幻想。

人是原生性的，不是工业产品，亿万年来依靠原生性的食物生存演化，这就是两个原生性，又称双原生性。要想让生命更加健康，只能依靠原生性的食物，而不是人造食物，也不是添加了过多人造食物的工业食品。

严格地说，人类文明以来的所有食事行为都是逆原生性的，特别是工业文明以来的食事行为，加快了逆原生性的速度，尤其是用化学技术合成出的人造食物，也称合成食物。合成食物能够满足人们的各种感官需求，能够提高食物加工环节的效率，但它却成了食物利用效率的挑战者。换句话说，它威胁人类肌体的健康。合成食物是人类食物链的外来者，它没有原生的属性。

食物的加工是为了食物的利用，不能脱离利用去追求食物加工的高效率和肌体感官的高享受。各种化学添加物与添加剂的过度使用，正日益威胁着人类的健康。

无论是现在还是未来，人类只能依靠原生性的食物维持生存与延续。合成食物的出现，只是人类食物链中的一个彩色的气泡，逃脱不了破裂的命运。

（三）食事优先认知

食事，是指与食物获取、食者健康和食事秩序相关的行为及结果，是与他事相对而言的。食事是人类生存的第一要素，理应优先。若他事优先，将威胁人类的生存和可持续。

从人类发展的历史长河来看，食事不仅在诸事之前，而且也在文明之前。始于公元前10000年的农业文明，开始了食物驯化，使食物有了剩余，这时不同的行业才逐渐产生，他事才逐渐多了起来。①

不能把食事优先狭义地理解为吃饱优先。其实，吃饱只是食物数量的保障，食事优先不仅仅是保障食物数量，还包括食物质量、食物利用、食为法律、食学教育、食事行政等诸多方面。

近300年的工业文明，科学技术飞速发展，满足了人类的种种欲望，他事不断增多。在商业竞争原则之下，似乎有许多当急之事，都比食事迫切。在这种社会的运营机制下，人们常常会不自觉地做出了"他事优先"的决策，将食事置于其后。

其结果是当前的问题解决了，未来的问题被积累得更多。从长远和整体来看，这种"他事优先"的行为，不仅会使社会整体运营效率降低，并且会威胁个体的健康和种群的持续。

食事与文明、食事与国家、食事与社会、食事与家庭、食事与健康的关系均是因果关系。食事优先的规律不可违背，一个国家如此，一个组织如此，一个家庭如此，一个人也是如此。当今有许许多多的事情都排在了食事的前面，许许多多的理论都强调他事优先，这是非常危险的。

人类生存需要食事优先，个体健康长寿需要食事优先，社会可持续

---

① 参见〔美〕布赖恩·费根：《世界史前史》（插图第7版），世界图书北京出版公司2011年版，第128—149页。

发展需要食事优先。2015 年联合国提出的可持续发展(SDGs)17 个目标中，其中有 12 个和食事紧密相关。食事问题不能优先解决，人类可持续发展就不能实现。

（四）食为二循认知

食事行为要有规矩，必须适应食物母体系统和食物转化系统的运行规则，要有所为有所不为。

人类的食事行为，是人类发展与成长的核心要素，是智慧、审美、礼仪、权力、秩序等文明之源头，其在人类文明发展历史中的作用和地位，如何评价它都不为过。但是人类的食事行为不能任性，不能妄为，必须接受两个方面的约束：一是必须遵循食母系统客观规律的约束，以维持、延长人类种群的延续；二是必须遵循食化系统客观规律的约束，以维持、提高人类个体的健康寿期。

如果违背了食物母体的运行机制，人类将面临灭顶之灾。如果违背了食物转化系统的运行机制，人的生命质量将会严重下降直至提前终结。这是因为，食母系统的形成已经有 6500 万年，食化系统的形成也有 2500 万年，它们都远远长于人类文明的历史。人类今天的食事行为是跳不出这两个以千万年为单位的运行机制的。人类的食事行为必须要遵循这两个运行机制，且缺一不可。人类不能挑战这两个运行机制，只能适应它们的规律，遵循它们的机制。

近 300 年工业文明的某些行为，给食物母体系统带来了巨大压力，扰乱了食物母体的运行规律。同时也给食物转化系统带来许多伤害，特别是化学合成食物的出现，这是一把关系到人类生存与健康的"双刃剑"。

食为二循定律告诫我们，要时刻反思我们的食事行为，及时矫正我们的不当食行为。唯此，才能提高个体健康长寿，才能维护种群的延续。

第二节　掌握全面的吃事方法

吃方法是人类特有的文化现象，不是自然现象。吃方法是指满足食物转化系统需求的摄入方式。对人类个体进食而言，有了充足、优质的食物，并不能确保健康和长寿，还要有正确的吃方法。

人类进食有三大目的：滋养生命、调理亚衡、治疗疾病，如图 9-2 所示。这三个目标中任何一个的实现，都离不开正确的吃方法。从健康感力的角度来看，正确的吃方法可以事半功倍，不正确的方法则会事倍功半。

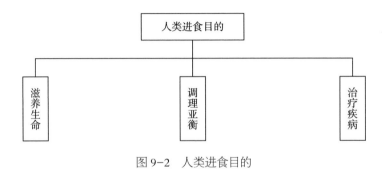

图 9-2　人类进食目的

关于如何科学地吃，人类积累了大量的经验，不同民族有不同的文化总结，不同地域有不同的集体认知。例如，素食是对食物品类维度的认知和利用；辟谷和斋月是对吃事频率维度的认知和利用；吃疗是对食物性格维度的认知和利用；营养学是对食物元素维度的认知和利用；饥食病和过食病，则与吃物数量维度关系紧密。

科学的吃法是人类健康而长寿的重要基础，食者要想健康长寿，就必须重视人类积累的种种进食理论与经验，对它们进行总结、认知、研究、把握、实践。

一、吃事方法溯源

对吃法维度的相关认知，是一个由浅入深、从少到多的过程。早期人类茹毛饮血，缺乏对吃事的自觉认知，对吃最大的追求就是能够填饱肚子。随着生存环境的变化，人类学会制造食具和用火；随着农耕和机器时代的到来，食物数量和种类日益增多，人类有了更多的食物和吃方法的选择。从吃方法来看，人类的吃事方法可以分为五个阶段，即茹毛饮血阶段、认知生熟阶段、认知食物性格阶段、认知食物元素阶段、全面认知阶段。从时间来看，人类吃事的茹毛饮血阶段以几百万年计，认知生熟阶段以几十万年计，认知食物性格阶段以千年计，认知食物元素阶段只有短短不到300年的历史，全面认知阶段则始于21世纪初叶。

（一）茹毛饮血阶段

从500多万年前古猿开始向人类进化，到公元前1万年进入农耕社会，在几百万年的时间里，人类一直过着食源不稳、有什么吃什么的日子。漫长的旧石器时代，原始人靠采摘、狩猎、捕捞、采集来获取食物，维持生命。人们为获取食物四处游荡，从野生植物的果、根、茎、叶到鸟、兽、虫、鱼，只要能吃的都被吃掉。在这个阶段，受食源限制，人类只求食物数量可以饱腹，且基本上是生食，对吃方法的认知处于不自觉的状态。这阶段属于茹毛饮血阶段。

（二）认知生熟阶段

已知最早的人类篝火灰烬出现在南非的奇迹洞（Wonderwerk Cave），距今已有约100万年的历史。至30万年前，用火已成为多数人类的生活常态。火对人类的最大影响，就是将生食变成熟食，促进了人类大脑的发育，使人类进化为现代人。

从吃事来看，熟食改变了食物的口感和味道，让之前由于过于坚硬、过于腥膻难以下咽的食物变得可口，让人类面对食物可以做出一定的选择。熟食还是生食？人类对吃法的认知，开始进入了认知生熟阶段。

（三）认知食物性格阶段

大约公元前1万年，人类进入农耕社会，食物来源趋于稳定，食物种类相对固定。这个阶段，人类开始主动选择吃法，开始从吃事频率、吃物种类、吃物数量、吃物品质等维度对吃事给予认知与实践。辟谷是频率维度的体现；吃素不吃荤是品种维度的体现；利用偏性食物治疗疾病是食物性格维度的体现。

在这一阶段，人类特别是东方人，逐渐形成了对食物元性即食物性格的认识。从神农尝百草寻找食物，到发现食物性格利用食物性格，这一阶段是人类的认知食物性格阶段。其中最突出的特征，就是利用食物性格养生、防病、治病。

食物性格之外，在这一阶段，人们也开始关注其他吃事维度，人们对吃事维度的认知已经丰富多彩。

（四）认知食物元素阶段

认知食物元素阶段从20世纪上半叶发现营养素开始，之后在此基础上创建了营养学，继而出现了国民膳食指南。这一阶段建立在显微镜技术发展的基础上，从微观认知食物成分，食物元素成为吃的主要参照指标。

20世纪30年代，荷兰科学家格利特发现蛋白质是构成人体细胞的重要成分，拉开了营养素研究的序幕。至20世纪中叶，碳水化合物、蛋白质、脂类等六大营养素，以及维生素A、维生素C等40多种营养素被相继发现。在这个阶段，营养素成为人们认识食物的工具，成为人们吃的依据。与元素认知相对应，以食物营养、吃物种类、吃物数量为基石的国民膳食指南，在此阶段开始出现。

乘着科技的翅膀，工业文明对破解食物数量不足这一难题做出了贡献，但是从吃事维度看，它又带有明显的不足。这是一个"唯营养素年代"，在吃事的诸多维度中，只突出食物元素（营养素）以及吃物数量、吃物品种等少数几个维度，缺乏对人类吃事维度的整体认知。

（五）全面认知阶段

2013 年 12 月出版的《食学概论》①，首次跳出了唯营养素的框框，提出了"六态九宜"吃事的观点，吃事观进入了全面认知阶段。

"六态九宜"吃方法的观点提出后，在 2018 年 11 月出版的《食学》② 中，又首次提出了吃方法学，使吃成为一个独立学科。吃方法学中创建的吃方法坐标、吃方法罗盘、世界健康膳食指南等，将以往的膳食指南中只关注"吃中"一个阶段扩展为关注"吃前""吃中""吃后"三个阶段，将指导进食的"九宜"完善为 12 个维度，并推出了"3-372"即"吃前三辨、吃中七宜、吃后二验"的科学全面的吃方法。在 2019 年召开的大阪 G20 唯一后援活动第三届世界食学论坛上，《世界健康膳食指南》得到与会代表的重视和好评，被纳入大会宣言中，向 77 亿地球村民推介。

二、吃事方法现状

吃法现状，是指当今世界各地食者的吃法状况。这些吃法有的科学，有的落后，有的全面，有的偏颇，其中蕴含大量的吃经验，也囊括了不少吃问题。

（一）食者膳食结构现状

世界不同地区膳食结构的类型是不一样的，这些膳食结构类型，不仅显示了群体膳食的不同风格，更对食者个体的吃事、吃法产生了重大影响。依据动、植物食物在膳食中的构成比例，一般将世界各地区的膳食分为以下四种模式。

1. 东方膳食模式

该模式以东亚、南亚地区为代表，膳食模式以植物性食物为主，动

---

① 刘广伟、张振楣：《食学概论》，华夏出版社 2013 年版。
② 刘广伟：《食学》，线装书局 2018 年版。

物性食物为辅。平均能量摄入为2000—2400卡路里，蛋白质仅50克左右，脂肪仅30—40克。这种膳食结构下，食物纤维充足，来自动物性食物的营养素如铁、钙、维生素A摄入量常会出现不足。这类膳食容易出现蛋白质、能量不足，营养不良，以致健康状况不良，劳动能力降低，血脂异常和冠心病等营养慢性病低发。

2. 西方膳食模式

该膳食模式以西欧、北欧、北美、澳大利亚等经济发达的地区为代表，膳食结构以动物性食物为主，食物摄入特点是：粮谷类食物消费量小，人均每天150—200克，动物性食物及食糖的消费量大，肉类300克左右，食糖甚至高达100克，蔬菜、水果摄入少。人均日摄入能量高达3300—3500卡路里，蛋白质100克以上，脂肪130—150克，以提供高能量、高脂肪、高蛋白质、低膳食纤维为主要特点。这种膳食模式属于营养过剩型膳食，容易造成肥胖、高血压、冠心病、糖尿病等营养过剩型慢性病发病率的上升。

3. 日本膳食模式

该膳食模式以日本为代表，是一种动植物性食物较为平衡的膳食结构，膳食中动物性食物与植物性食物比例比较适当。这种膳食结构的特点是谷类的消费量平均每天300—400克，动物性食品消费量平均每天100—150克，其中海产品比例达到50%，奶和奶制品100克左右，蛋类40克左右，豆类60克。能量和脂肪的摄入量低于欧美发达国家，平均每天能量摄入为2000卡路里左右，蛋白质为70—80克，动物蛋白质占总蛋白的50%左右，脂肪50—60克。日本膳食模式既保留了东方膳食的特点，又吸取了西方膳食的长处，少油、少盐、多海产品，蛋白质、脂肪和碳水化合物的供能比合适，有利于避免营养缺乏病和营养过剩性疾病，膳食结构基本合理。

4.地中海膳食模式

该膳食模式以居住在地中海地区的意大利、希腊的居民为代表。这种膳食结构的主要特点为富含植物性食物，包括每天350克左右谷类以及水果、蔬菜、豆类、果仁等；每天食用适量的鱼、禽，少量的蛋、奶酪和酸奶；每月食用红肉（猪、牛和羊肉及其产品）的次数不多，主要的食用油是橄榄油；大部分成年人有饮用葡萄酒的习惯。脂肪提供能量占膳食总能量的25%—35%，特点是饱和脂肪摄入量低，只占全部脂肪摄入量的7%—8%，不饱和脂肪摄入量高；膳食含有大量复合碳水化合物，蔬菜、水果摄入量较高。地中海地区居民心脑血管疾病发生率很低，已引起了诸多西方国家的注意，并纷纷参照这种膳食模式改进自己国家膳食结构。

（二）个体吃事现状

论及吃事现状，我们可将当今食者个体的吃分为A.得当、B.失当、C.严重失当三种类型。吃法得当会带来健康，吃法失当会带来亚衡，吃法严重失当会带来疾病。

俗话说，病从口入，许多疾病是吃出来的。实际上，健康也可从口入，正确地吃，可以让人体实现从C到A的进阶。选择和坚持正确的吃法，是人体健康的重要前提，没有正确的吃法，就没有健康的身体。

需要指出的是，由于人类每个个体的差异性，科学正确的吃法应该是用定向定幅的方法去逐渐接近个体需求值。但是当今许多膳食指南都是定量指南。这些膳食指南中的量，是某一群体的平均值，是忽视个体差异的指南，不能更好地适用于每一位食者。在进食实践中，进食者要根据自己的情况，选用"个体趋准值＋群体平均值"的膳食指南，选择适合自己的吃法，达到健康长寿的目标。

三、吃事方法维度

吃法维度是指人们在进食中要关注的要点，主要包括吃前的三个关注点：人体状况、食物质量和吃事时节；吃中的七个关注点：吃物数量、吃物种类、吃事频率、吃事速度、吃事顺序、吃物温度、吃物生熟；吃后的两个关注点：察验释出物，察验吃后征。

（一）人体八个维度

吃事要以食者即人为核心，所有的吃方法都应围绕这个核心。离开这个核心去谈吃方法学，去谈科学进食，都是徒劳的。尊重个体的差异性是以食者为核心的基本原则。

既然以食者为核心，那么应该如何认知食者呢？首先就是要承认食者的差异性。这种差异性可以分出八个大的类别状态，简称食者八维，即食者个体的遗传、性别、年龄、体性、体构、动态、心态、疾态八个维度，如图9-3所示。

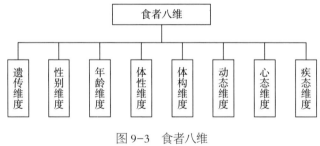

图9-3　食者八维

遗传维度又称基因维度，即食者的种群、民族、家族、血缘等基因传承特征。当今世界上的77.1亿人，每个人的遗传维度都是不同的。遗传维度可以决定一个人对食物的喜好取舍，例如，一个世代生活在草原的牧民和一个常年生活在水稻产区的食者，对食物的需求和消化吸收程度是不同的。

性别维度即人的性别。人的性别不同，对食物的要求也不相同，例如，成年女性一般要比成年男性食量小，但吃零食比男性多，吃事频率高于男性。孕期的女性，要食用量大且营养全面的食物。

年龄维度又称时间维度，这里的时间是指食者个体生命的时间。可以分为婴儿前期（0—1个月）、婴儿后期（2—12个月）、幼儿（1—3岁）、儿童（4—6岁）、少年（7—17岁）、青年（18—35岁）、中年（36—65岁）、老年(66—85岁)、寿者(85岁以上）等九个阶段；也可以更细化为年、月、日分类。不同的生命阶段对食物的需求都有差异。

体性维度是指食者的身体状态。体性可以左右对食物的选择。例如，一个阴虚体性的人宜食甘凉滋润的食物，忌食辛辣刺激、温热香燥、煎炸炒爆的食物。

体构维度是指食者的身体结构。食者的身体结构可以左右对食物的选择。例如，胃部分切除的患者需要少食多餐，一个敏食病患者也须忌食可能令其过敏的食物。

动态维度即人的运动态状态。人的运动态不同，摄食需求也不同。重体力劳动者所需的热量远大于轻体力劳动者；脑力劳动者对食物数量和种类的需求，也不同于一个体力劳动者。

心态维度是指进食时食者的心态。进食时有一个专注的好心态，对增进食欲，增加进食的愉悦感，以及对人的健康，都至关重要。进食时的心态不宜大喜大悲，过分兴奋、激动、狂躁、忧郁、愤怒，都会给食物的消化吸收带来副作用。

疾态维度是指进食时人体疾病状态。疾病会影响对食物的选择、进食过程以及对食物的消化吸收。例如，肝病患者常常感到腹部胀满而吃不下饭；牙疼会影响吃物种类和速度；过食病患者不宜食用高脂肪高热量的食物；等等。

这里所说的吃前对食者状态的认知，是从大的方面表述人体的差异性，其实每一个人的每一天、每一时，都会有不同的状态，从细微的角度来看，可以理解为一人万态。提出食者状态维度的意义在于，人们应该根据自己当下的身体状况选择适合自己的食物，选择适合自己的食法。

（二）食物质量

食物质量是指进食时所吃的食物的品质。食物质量与人体健康、人的生命安全有着极为密切的关系。营养丰富的食物，如鱼、肉、蛋、奶等，有时会由于微生物的繁殖引起腐败变质，或者在生长、收获（屠宰）、加工、运输、储藏、销售过程中受到毒害物质的污染。这样的食物一旦被人食用，就可能引发传染病、寄生虫病或食物中毒，造成人体各种器官和组织的损害，严重者甚至会危及人的生命。

良好的食物质量，能提高人的食物利用效率，是进食中首先要考虑和注意的维度之一。

（三）吃事时节

吃事时节有两层意思：一是指吃事的季节性特点，二是指吃事的时间。大自然是有季节的，不同季节有不同的物产品种。顺应季节，就是顺应这些与季节相关的品种所提供给人体相应的营养和物质。因为不同季节的食物，正好是人体在不同季节中所需要的，这是在长期的环境适应中形成的人与自然和谐相处的结果。只有与季节相符的食物，才能最大限度地为人体提供有益的补给和营养。进食时间也同样。例如，晚餐距离睡觉时间太近，会影响睡眠，不利于人体健康。

（四）吃物数量

吃物数量，即食量，指一个人每天进食的总量。吃物数量包括主副食的总量，其核心是食物所含的能量。能量是决定食物摄入量的首要因素，摄入量与消耗量之间保持均衡，才是人体最佳健康状态。人类肌体的食系统，是历经亿万年进化而来的，是为恶劣自然环境下的长期饥饿状态而准备的，具有强大的储备能力。而在食物丰足的时期，这种储备机制成为人们因进食过多而获病的机制。进食过多会导致患过食病，如高血压、高血脂；进食过少则会患饥食病，导致营养不良、身体虚弱等。作为科学进食中不可缺少的重要环节，食量是进食中首先要注意和考虑的，最好是

"八分饱"。

（五）吃物种类

吃物种类是指人们吃进的食物品种、类别。人类是以植物性食物为主、动物性食物为辅的杂食动物，吃物种类比较复杂，吃物种类因民族而异、因地区而异、因人而异。吃物种类之所以重要，是因为食物种类的选择影响人体的健康水平，也影响人与自然界的能量交换，影响人类的可持续发展。多样的食物种类可以给人体提供全面的营养，维持身体健康。人类在进食的品种上，应以多样化品种为进食基本原则，同时改变偏食、挑食习惯等，注意根据人体体性、体构和食物性格选择食物，使其符合维护自身健康的需求，符合科学进食的行为。

（六）吃事频率

吃事频率是指一个相对固定的时期内进食的次数。吃事频率是与吃物质量、数量紧密相关的。人们进食的频率，是依靠食欲和饱腹感这两种主观感觉来进行调节的。

现代文明社会一般是一日三餐，早餐、午餐和晚餐间隔 6 小时左右，晚餐和早餐间隔 12 小时左右。在漫长的进食历史中，人类形成了一天三餐的吃事频率。这样的频率较为符合人体对食物的生理需求，但是否对每一个具体而特定的个体合适，还需要具体对待。专家认为，人体的消化机能、生理功能和各种酶的活动，都具有时间节律性，只有建立稳定的规律，才能够使代谢正常，达到健康长寿的目标。东方所说的辟谷、过午不食，汉族的寒食节、日本流行的一日一食，以及西方的轻断食，都是对吃事频率实行控制和调节的代表。

（七）吃事速度

吃事速度是指具体一餐中进食所花的时间，主要取决于咀嚼和吞咽的速度，它影响食物被咀嚼的程度和进入消化道获得消化吸收的程度，与人体的营养吸收和人体健康相关。人类的进食，有吞食和嚼食两种，从而出现吞速和嚼速两种不同的吃事速度。

吃事速度原则上以细嚼慢咽为好。当前随着人们生活节奏的加快，吃事速度也随之提高，快餐文化大行其道，但这种吃事速度不利于人体健康。针对这种情况，已经有人开始倡导"慢食文化"，以求细嚼慢咽，帮助消化。

（八）吃事顺序

吃事顺序是指在进食过程中进食品种的顺序。随着医学界对疾病研究的不断深入，人们发现进餐顺序很有讲究，顺序不对不但不利于营养吸收，还可能损害肠胃和健康。营养学家发现，人体消化食物的顺序是严格按照进食的次序进行的。如果人们一开始吃的是一些成分过于复杂且需要长时间消化的食物，接着再吃可以较短时间消化的食物，就会妨碍后者的吸收和营养价值的实现。理想的吃事顺序应为：先吃热量密度低的食物，密度越高越要后面吃。

（九）吃物生熟

人类在掌握用火之前，基本上都是生食食物。掌握了用火之后，熟食出现了。熟食改变了食物的口感和味道，让难以下咽的食物变得可口；熟食促进了人类大脑的发展，让人类迈入了食文明的"门槛"。截至今天，熟食虽然占据了人类食物的大半个天下，生食依旧以更绿色、更天然、更少添加物的特色，没有离开人类的餐桌。考虑到口感、味道和营养素的保留，一些果蔬类食物，更是只宜生吃不宜熟吃。

一般来说，植物类食物（谷类除外）宜于生吃，动物类食物以熟吃为佳。即使是动物类食物，如牛排，到了烹饪艺术家手里，也会分为三分熟、五分熟、七分熟和十分熟，让熟食生食共同美化人们的生活。

（十）察验吃释出

释出物是食物与人体进行能量转换后排出体外的物质。对于释出物，可以根据其释出的形态，把它们分成液体释出、固体释出、气体释出和散热释出四种类型。通过对释出物的察验，能够分析出食者先前的进食是否合理。例如舌苔、眼屎的颜色和多少，可以反映出脏腑的寒热虚实、病邪的性质和病位的深浅。察验后，可以对之后的进食做出对位调整。

（十一）察验吃后征

吃后体性、体构简称吃后征，是指进食后的人体反应状况。除了高矮胖瘦健康疾病等体性、体构上的反应之外，吃后征还包括人的精气神。

吃后征包括人体对进食的短期反应和长期反应。短期反应是指吃后出现胃胀、胃酸、血糖升高或食物中毒等现象；但是更多的吃后反应不会马上呈现，它们会在进餐一段时间或一个时期后才能表现出来，如长期缺乏维生素 B1 会让人患上脚气，缺乏维生素 A 会在指甲上形成纵向条纹。又如长期的过食会造成营养过剩，对内会形成脂肪肝，对外会让人体脂肪堆积，形成过食体态等。

察验吃后的人体状态十分重要，因为吃饭不是一锤子买卖，也不是"吃了上顿没下顿"。吃饭是一个循环的过程，活十年，要连续不断地吃上十年；活百年，要连续不断地吃上百年。察验吃后人体状态，既是对前一段进食正确与否的总结，也是对下一餐如何进食的参考依据，帮助食者对之后的进食做出有针对性的调整。

四、吃事方法工具

人比一般动物高明之处，就在于会制造工具、使用工具。在吃方法这件事上，也离不开工具的帮助。下边介绍的"吃方法坐标""吃方法罗盘""世界健康膳食指南"，都是有利于食者个体快速掌握吃方法的工具。

（一）吃方法坐标

吃方法坐标又称吃法坐标，是一个由食者、食物、吃前、释出、吃后征等要件组成的横竖轴形。为了准确表达它们之间的关系和结构，笔者设计了一个吃法坐标图，如图 9-4 所示。这个坐标图由 2 条坐标线、4 组关系、1 个顺序、2 个象限、1 个吃交点和 1 个吃目标组成。

"2 条坐标线"是指这个坐标由纵横两条轴线组成，横轴代表食者，发展方向是从生到死；纵轴代表食物，发展方向是从能量的提供到排出。轴上的刻度代表食者的不同状态和食物的不同能量。这两条坐标线是相互交叉和游动的。

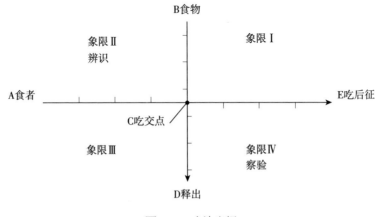

图 9-4　吃法坐标

"4 组关系"是指 2 条坐标线相交后形成 4 组关系：食者食物关系，供能耗能关系，吃前吃后关系，原因结果关系。

"1 个顺序"是指由 A、B、C、D、E 五个字母代表的吃事顺序。即 A 为辨识食者体况→B 为辨识食物质量→C 为选择吃法→D 为察验吃释出→E 为察验吃后征。这个顺序的各个环节不可倒置，也不可减少。

"2 个象限"是指坐标中左上、右下两个象限。左上的象限 II 为辨识，即辨识体性、辨识食物；右下的象限 IV 为察验，即通过察验释出和吃后征，验证进食是否适宜。

"1 个吃交点"是指 2 条坐标线中间的交汇点，也叫吃交点。这是整个坐标中最重要的一个点。辨肌体和辨食物的成果，要通过进食才能实现；食用成效如何，也要在对食物释出和吃后征的检验后，反馈给吃交点，根据结果进行下一餐的调整。

"1个吃目标"是指通过对吃法坐标的使用，学习科学的吃法，达到人体健康长寿的目标。

（二）吃方法罗盘

吃方法罗盘又称吃法罗盘，是由食者、食物、食法和吃释出、吃后征组成的圆形，如图9-5所示。

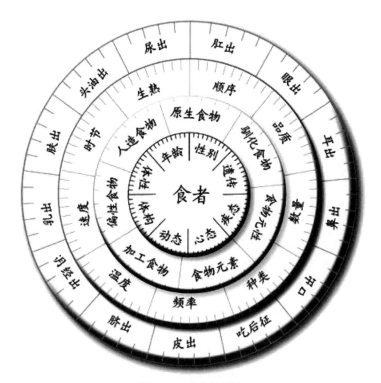

图9-5 吃方法罗盘

"吃法罗盘"有四个可以转动的圆环，从里到外分别为食者环、食物环、吃法环、吃释出和吃后征环，每个环上又有若干维度，形成了一个"4-36"维度体系。其中，食者环标明了食者的8种变化因素，食物环涵盖了食物的7种类型，吃法环列出吃方法的9个要素，吃释出环罗列了吃后反应的3个方面。吃法罗盘的四个环，其权重是不一样的，食物环、吃法环、吃释出和吃后征环统统围绕着食者环，以食者环为中心。

吃方法罗盘，让人与食物、吃法、吃释出和吃后征的相互关系更直观、更清晰、更明了，也更利于对它们的理解和应用。

（三）世界健康膳食指南

《世界健康膳食指南》称"表盘吃法指南"是一个全维度的吃法指导工具，由1个中心、3个阶段、12个关注点组成。它借用人们生活中常见的钟表图形，用食者喜闻乐见的形式，对吃方法做出科学全面的指导。在2019年举办的大阪G20峰会唯一后援活动第三届世界食学论坛上，《世界健康膳食指南》被写入《淡路岛宣言》向国际社会推介。

第三节　预防吃事引发疾病

吃病，是指因不当食物不当吃法引发的机体不正常状态。吃疗，是指用偏性食物调理肌体的病症。它们有一个共性，都是说食物肌体的关系。俗话说，人吃五谷杂粮没有不生病的。既然人都要生病，作为一名食者，就应该弄懂吃病，践行吃疗，做好对自身肌体的健康治理。

一、践行偏性食物吃疗

食物是有性格的，从整体上看，有平性食物和偏性食物之分。偏性食物是指它在某一方面的物性比较突出，可以调解肌体的失衡，从而达到预防和治疗疾病的作用。用偏性食物疗疾祛病，就是吃疗。数千年以来，吃疗为人类特别是东方民族的健康立下了汗马功劳。

（一）吃疗溯源

人类利用偏性食物调体、疗疾，从有记载的史料来看，已经有几千年的历史。没有史料记录的实践，更要久远得多。在漫长的发展进程中，人类对偏性食物的利用，积累了丰富的经验；吃疗也为人类的健康和繁衍，起到了重要作用。

对偏性食物吃疗的认知和发展可分为三个阶段：起源阶段、发展阶段和当代阶段。

起源阶段。利用偏性食物吃疗，是一种人类的普遍行为。在化学合成食物（口服药）出现之前，世界各地的人群在与疾病斗争的过程中，逐渐熟悉、掌握了不同食物的特性和偏性，并以此疗疾治病。希腊神话就有这样的记载：医神阿斯克雷庇亚斯正在潜心研究一个病案之际，一条毒蛇爬来，盘绕在他的手杖上，阿斯克雷庇亚斯大吃一惊，当即把这条毒蛇杀死了。谁知这时又出现了一条毒蛇，口衔神草，伏在死蛇身边，将草敷在死蛇身上，结果死蛇复活了，由此人们发现了偏性食物吃疗的功能。迄今，蛇杖仍然是医学的符号。英语中药物单词为"drug"，意即干燥的草木，这也说明欧洲对偏性食物认识与利用有着悠久的历史。

在人类漫长的历史进程中，偏性食物的利用，一直是世界性的疗疾方式之一。对偏性食物的认识也从实践走向理论。希腊医生佩达努思·迪奥斯科里德斯的《药物论》一书中，详细地记录了600多种植物以及一些动物产品的疗疾价值。《植物学》曾是古代欧洲医生的必修课。由此可见，用偏性食物吃疗，并不是东方民族的专利，只不过东方民族对它的认知更透彻，应用更纯熟，受众更广泛。

《淮南子·修务训》记载："神农尝百草之滋味，水泉之甘苦，令民知所避就。当此之时，一日遇七十毒。"话虽这样说，对偏性食物的认识和利用，并不是一人一日所为，而是众多人类祖先在防治疾病过程中的经验积累。由于食物知识欠缺和饥饿，原始社会的人群在寻觅食物时，不可避免地会误食一些具有偏性的动植物，引发身体反应。这种反应，有时会导致食物中毒，也有时会使原有疾病减轻或消失。这样反复尝试，反复积累经验，口传心授，便初步形成了偏性食物吃疗学的雏形。至于文字记录，《周礼·天官冢宰》中，已有"以五味、五谷、五药养其病"的记载。被称为传统医学四大经典著作之一的《黄帝内经》，更是建立了"阴阳五行学说""脉象学说""藏象学说""经络学说""病因学说""病机学说""病症""诊法"，以及"养生学""运气学"等一系列学说理论，成为古代偏性物吃疗学说中一颗耀眼的明星。

发展阶段。从公元前202年中国的西汉时期，到公元20世纪初的晚清时代，偏性食物吃疗到达一个新的水平。这一时期对偏性食物吃疗的文字记载和理论著述灿若繁星。《山海经》中，记载的偏性类食物已达上百种。同样成书于汉代的《神农本草经》，全书载有本草类食物更多达365种，堪称中国当时偏性食物吃疗知识的集大成者。医圣张仲景在《伤寒杂病论》一书中，确立了中医辨证论治的基本法则，把疾病发生、发展过程中所出现的各种症状，根据病邪入侵经络、脏腑的深浅程度，患者体性、体构的强弱，正气的盛衰，以及病势的进退缓急和有无宿疾（旧病）等情况，加以综合分析，寻找发病的规律，确定了不同情况下的治疗原则。他创造性地把外感热性病的所有症状，归纳为六个症候群和八个辨证纲领，确立了分析病情、认识症候及临床治疗的基本法度，成为指导后世医家临床实践的疗疾准则。三国、两晋、南北朝时期，《名医别录》《抱朴子》《炮制论》等论述偏性食物吃疗的著述先后涌现。隋唐时期，利用偏性食物吃疗进入了一个大交流阶段。一方面，西域、印度等地的医药文化传入中国腹地；另一方面，中国的偏性食物吃疗体系向日本等国输出，对当地的偏性食物吃疗产生了积极影响。偏性物吃疗学开始了国际性的大交流。

随着生产力的提高和经济的繁荣，宋朝出现了《开宝本草》《嘉佑本草》《本草图经》等一批论述偏性食物的著作，其中《嘉佑本草》收载偏性食物1082种。此后经过金元时期的发展，到了明代，偏性物吃疗学达到了一个高峰。伟大的医药学家李时珍耗时30年，编成了集偏性食物之大成的《本草纲目》，全书52卷，收载药物1892种，附方11000余则。这些偏性物吃疗学的经典著作，翔实地记录了辨证施治的疗疾思想，记录了偏性食物的种类与使用方法，记录了东方民族与疾病抗争的认知和经验，极大地丰富了人类医学宝库。

当代阶段。20 世纪中叶，东方传统的偏性食物吃疗理论与实践，受到西方医学研究方法和研究成果的影响，使其进入了一个新的历史阶段。

偏性食物吃疗的一个突出特点是利用食物组，这种经典的偏性食物组，在日本称为"汉方"。20 世纪六七十年代，随着日本经济高速增长，患慢性病、过敏性疾病的人数迅速增长，人口的老龄化也带来了大量的老年病，当代医学对此常常束手无策，汉方开始受到重视。1967 年，日本政府将汉方列入健康保险允许使用的名单，先后共有 148 种汉方获得承认。发展至今，日本汉方厂有 200 家左右，汉方制剂多达 2000 多种，89%的日本医生会使用汉方疗疾。目前日本 6 万家药店中，经营汉方制剂的高达 80% 以上。在世界范围，日本汉方的销售已占到世界偏性食物销售总额的 90%。2010 年，日本出台了一个新的课程教学要求，要求各医科大学必须要有汉方教育，一共 8 个学时，720 分钟。

从全球范围来看，以偏性食物吃疗的理论和经验，已日益得到更广泛的接受与重视。利用偏性食物吃疗，先后在澳大利亚、加拿大、奥地利、新加坡、越南、泰国、阿联酋和南非等国家和地区，以国家或地方政府立法形式得到认可。目前，全世界偏性食物吃疗市场估值约为每年 500亿美元。

在中国政府部门的组织下，多次开展了对偏性食物全国性的资源普查，整理出版了《中药大辞典》《新华本草纲要》《中华本草》等一批专著；在偏性食物的炮制、制剂技术方面也取得较大的突破，使其生产加工朝着规范化、标准化、科学化方向发展。据统计，中国大陆目前拥有偏性食物资源共 12807 种，种植总面积约 5000 万亩。2022 年，全国中医类医疗卫生机构总数 80319 个，其中中医类医院 5862 个，中医类门诊部、诊所 7.4万个。全国中医药卫生人员总数达 91.9 万人，其中执业医师 76.4 万人，中药师 13.9 万人。全国中医类医疗卫生机构总诊疗量达 12.3 亿人次，占全国医疗卫生机构总诊疗量的 14.6%。① 这其中 1/2 属于偏性食物吃疗学的范畴。

（二）偏性食物分类

从食物的性格角度来看，偏性食物可分为弱偏、偏和强偏三类。其中弱偏食物和平性食物一起，可用于食者的吃养，偏性食物可用于吃调，强偏食物则用于吃疗，即用来为人类除疾祛病。

偏性食物的来源主要有三类：植物、动物、矿物，其中植物占比最大，应用也最普遍。

偏性植物食物是指具有偏性性格用以疗疾治病的植物类食物。记载传统药物的书籍被称为"本草"，如《本草纲目》《神农本草经》《开宝本草》《新修本草》，等等。在疗疾的化学合成食物出现之前，偏性植物为保护人类尤其是东方民族的健康立下了汗马功劳。用于疗疾的植物类偏性食物，有解表、清热、化痰止咳平喘、平肝熄风、祛风湿、活血化瘀、行气、止血、芳香化湿、消食、利水渗湿、安神、补虚、泻下等多种类型。

偏性动物食物是指具有偏性性格用以疗疾的动物类食物。在长期的生存实践中，人类认识到某些偏性动物食物，可以为人疗疾祛病，例如蜂胶、熊胆可以清热解毒，田螺、泥鳅能够利水消肿。在疗疾功效方面，偏性动物类食物可以分为 15 种类型：辛凉解表、清热解毒、祛风除湿、行气止痛、利水消肿、健脾消积、止咳平喘、活血化瘀、止血生肌、平肝熄风、杀虫消疳、芳香开窍、补益强壮、收敛固涩、抗癌治瘤等。

偏性矿物食物是指具有偏性性格用以疗疾的矿物类食物。矿物偏性

---

① 参见国家卫生健康委：《2022 年我国卫生健康事业发展统计公报》，见 https://www.gov.cn/lianbo/bumen/202310/content_6908685.htm。

食物是以无机化合物为主要成分的偏性食物，共有三种类型。一是可供疗疾的天然矿物，例如朱砂、雄黄、滑石、炉甘石、白矾等；二是矿物加工品，例如芒硝、轻粉等；三是古生物化石，例如龙骨、琥珀等。生活中常见的金、银、铁、黄铁矿、丹砂、石膏、云母、石灰、水银，以及阴阳水、腊雪水、百沸汤、井泉水、急流水等，也属于偏性矿物食物。

吃疗中对偏性食物的应用，并不是一个千篇一律的过程。在应用偏性食物进行吃疗时，要根据治疗的需要，把握配伍、剂量、禁忌等三大原则。配伍是指按病情需要和偏性食物特点，有选择地将两种以上的偏性食物配合同用；剂量即根据疾病、患者、季节、地区、食物质量等因素来考虑偏性食物用量；禁忌包括配伍禁忌、妊娠禁忌、服用时的饮食禁忌等。

（三）偏性吃疗的重要作用

在几千年的应用过程中，用偏性物进行吃疗，为人类的健康和繁衍起到了重要作用。利用偏性食物的不同性格维护人类肌体健康，具有三大贡献和五大价值。三大贡献：一是可以调理肌体的亚衡状态，把疾病消灭在萌芽阶段；二是可以治疗"吃病"，即因食物和吃法不当引起的疾病；三是可以治疗其他原因而产生的疾病，让肌体恢复健康。五大价值：一是可以预防疾病发生。当你的身体略有不适时（不含外感、外伤），食入不同性格的偏性食物，就可以及时得到调理。二是可以使身体少受疾病伤害、少受损失。这是保障健康长寿的前提。三是可以节省医疗费。不得病没有医疗费，有了病，用偏性食物治疗的成本也低于用合成食物治疗，可以大幅减少家庭医疗费的支出。四是对肌体的副作用小。在没有必要口服化学合成药物，或者必须进行放射性治疗与手术治疗时，使用偏性食物防病、治病对肌体的影响和副作用也更小。五是社会运营效率高。由于疾病减少，可以大幅缩减医疗产业规模，使剩余的社会资源转向其他领域，大幅减轻国家医保负担。

二、远离六种吃病

吃病，是一个新生概念。吃病是吃出来的病，是指因不当食物和不当吃法引发的肌体不正常状态，其中既包括因食物问题带来的疾病，又包括因吃法问题带来的疾病。

吃病，以病因为疾病命名，与以往用病症命名相比，它可以直指病源，让患者面对疾病不再茫然。这不仅有利于治疗，更有利于预防。

吃病，将所有因吃而来的疾病集纳一处，有利于认清它们的本质，采用相似的治疗手段。

吃病，包括污食病、缺食病、过食病、偏食病、敏食病和厌食病六个类型。在前边的章节中，我们已经对它们进行过比较详尽的介绍，在此不再重复。在这个章节中，我们将对吃病的历史、吃病理论的价值以及食者个体如何远离吃病，进行深入探讨。

(一) 吃病溯源

由于食物供给的不充足、不均衡以及吃方法的不得当，吃病一直伴随着人类。从吃病的发展历程来看，可以分为缺食病泛滥、过食病泛滥以及吃病理论诞生三个阶段。

缺食病泛滥阶段。在长达 550 万年的人类发展史中，从空间和时间的整体来看，缺食病（营养不良）一直与人类相伴。在原始社会，人类逐食而徙，靠天吃饭，食物来源缺乏稳定性，加上存储条件有限，无法保证食物供应的充足与及时，人们饱受因缺食带来的营养不良的困扰。进入农业社会后，生产能力提升，食物来源的稳定性增加，但随之而来的是步入了人口数量与食物产量相互博弈的怪圈。循环式饥荒不期而至，尤其是遭遇自然灾害，缺食带来的疾病更是频频威胁人的生命。

过食病泛滥阶段。工业文明的到来，让人类的生产效率有了大幅的飞跃，食物的生产加工更是如此。技术、机械、化肥、农药的普及，大大提高了种植业的产量，集约化的饲养方式，大大提高了养殖业的产量，人类的食物呈现出前所未有的丰盛。同时，经化学添加剂这位"魔术师"点化过的食物，以极佳的色、香、味、形，激发着人们的味蕾和食欲。在这种情况下，糖尿病、心脏病等与过食关系密切的慢性病开始大范围出现。世界卫生组织（WHO）的研究数据显示，从 1980 年到 2014 年，全球主要地区 18 岁以上的 Ⅱ 型糖尿病患者数从 1.06 亿增至 4.22 亿，占总人口比率从 4.7% 上升到 8.5%，涨幅接近一倍，过食病的危害让人触目惊心。

过食病之所以泛滥，从缺食阶段步入足食阶段，吃事习惯不能及时适应，是其中一个重要原因。这种吃事习惯的不能及时适应，我们称其为缺食行为惯性。人类经历了太漫长的缺食阶段，深刻的缺食体验、思维在影响着人们的行为习惯。个体的缺食行为惯性，带来因过食而产生的系列疾病；群体的缺食行为惯性，带来社会层面的缺食恐慌，食物获取过度，大量积存和浪费食物。

吃病理论诞生阶段。回首人类发展史，吃病虽然自始至终伴随着人类，威胁着人类的健康和生存，但是在一个很长的历史时期，并没有得到应有的认知和重视，吃病被拆解到营养不良、高血压、高血脂等多种疾病种类中。

2013 年，随着《食学概论》[①] 的出版，吃病理论诞生了。吃病理论有三个创新点：一是将所有因食而起的疾病放在一起整体认知。现代医学对疾病的分类，是一种分科认知，如内科疾病、外科疾病、呼吸科疾病、心脏科疾病，这种认知的优势在于认知深入，不足之处在于这是一种分割认知，没有考虑到疾病对肌体的整体影响。所有因食而起的疾病放在一起整体认知，便于掌握它们的共性，更便于对它们进行整体治疗。

二是将传统的病果为病症命名，改为以病因命名。传统的疾病命名

---

① 刘广伟、张振楣：《食学概论》，华夏出版社 2013 年版。

一般是以患病器官命名，例如肺病、心脏病、心肺病；或者以患病结果命名，例如胃炎、肝炎、脑水肿。吃病理论一改这种命名方法，改病果命名为病因命名。这种命名方式让人从病名即可知道病源，从而对吃病的认知更科学、更准确。同时，对疾病聚焦点从结果前移到原因，强调食在医前，强调预防，强调对人体健康的管理要从上游抓起。

三是提倡对疾病的吃疗吃治、早防早治，用食物和吃方法解决"吃出来的"问题。既然吃病是因吃而来，对它的预防和治疗，也不妨通过合理的进食，采用吃疗的方法，把吃出来的病吃回去。

（二）吃病病因

六大吃病都是以病因命名的，比较高血压病、高血脂病这些以病果为疾病命名，是一大进步。如果进一步分析，我们对吃病的病因还可以给予更细致的分类，例如可以分为内因、外因、"内因＋外因"。其中外因是指食物的负面影响超过了人体食化系统调节适应的能力，造成了生理和心理的失衡。外因主要是食物原因。内因是指吃法不当，缺少对于吃物质量、数量、温度、生熟和吃事速度、顺序、时节等的正确把握，或因体性、体构上的某些缺陷，从而导致疾病的发生。内因主要是食为原因。

"内因＋外因"是指既有主观方面致病的原因，也有客观方面致病的原因，即"食物＋食为"的原因。具体地说，缺食病、敏食病属于客观致病、食物致病；过食病、偏食病、厌食病属于主观致病、食为致病；污食病既有客观致病原因，如在不知晓的情况下误食了被污染的食物，也有主观致病原因，如吃饭前不洗手，造成了细菌污染，污食病属于"食物致病＋食为致病"。

六种类型的吃病，每一种都有不同的病因。深入分析它们的病因，有利于对症治疗，消灭吃病。

（三）吃病病理

从全球的角度来看，吃病是威胁人类健康的一个重大威胁。目前在吃病领域存在的问题，主要有五个：对吃病的认知不够，世界近 1/10 的人口有污食病，世界 1/10 的人口有缺食病，世界 1/5 的人口有过食病，吃病认知未纳入现代科学体系。

吃病丛生有两个原因：一是食物原因，二是吃法原因。对于广大食者个体来说，往往重视食物质量，轻视吃法。正确的做法是对两者同等重视，在吃事实践中将结果应对前移到原因应对，强调对人体健康的管理要从上游抓起，这样才能吃出健康，远离吃病。

第四节　矫正不当吃事行为

食物浪费表现在七个方面：损失型食物浪费、丢失型食物浪费、变质型食物浪费、奢侈型食物浪费、时效型食物浪费、商竞型食物浪费和过食型食物浪费。其中与食者个体关联紧密的有两个：奢侈型食物浪费和过食型食物浪费。对食者个体来说，减少食物浪费，要从这两个环节做起。

一、矫正吃事陋俗

奢侈型食物浪费是指食物利用过程中的铺张，导致食物未被充分利用。追寻奢侈型食物浪费的原因，很大程度上是由于食俗方面的陋俗所致。

（一）食物浪费陋俗现象

食为陋俗即人们在食为领域的丑陋习俗。人类社会的食物浪费的现象令人触目惊心，餐桌浪费尤为严重，表现在食俗上，就是"以丰为贵"。以中国为例，许多宴席以"满""多""全"为标准，桌子要满，菜量要大，菜品要全，造成严重浪费。

奢侈反映在与饮食有关的各个方面，包括原料的挑剔、环境的豪华、餐具的过分精致、菜品的繁多、价格的昂贵，以及包装的贵重等。奢侈的食为不仅浪费了大量资源，而且给社会风气和人的精神品质带来了腐蚀和污染，是一种万人侧目的丑陋食俗。

2021 年 3 月 4 日，联合国开展了一项研究，指出 2019 年全球估计共有 9.31 亿吨食物被送入家庭、零售商、餐厅和其他食品服务企业的垃圾桶，占到可供消费者食用的食物总量的 17%。

（二）食物浪费陋俗治理

食为陋俗的存在和泛滥，不仅浪费了大量食物，有损于人类道德，同时也有损于人体健康，理应得到食者的一致摒弃。但是从现状来看，这些陋俗不仅长期存在，有些得到某些人的推崇。例如对环境、餐具、菜品、包装等过分奢侈的追求，这种做法不仅对身体毫无益处，还会造成大量浪费。但对于某些食者来说，对此非但不去谴责，反而成了追逐的目标。这说明，对丑陋食俗的遏制力度还非常不够。食为习俗来源于大众生活，改正不良食俗，是一件长久的工作，需要每个食者个体的参与，也需要制定具体措施。

二、矫正过食行为

过食型食物浪费是指食物摄入量长期超过身体正常需求，既浪费食物，又浪费医疗资源。过食型浪费是食物浪费的七种现象之一。

（一）过食型浪费的现象和危害

据统计，全球 77 亿人中，有 20 多亿人因吃得多患有"过食病"。这些人往往不加选择，拼命吃喝，可以在短时间内摄食大量食物，一般达正常量的 2—3 倍。过食行为浪费了大量的食物，成为食物浪费的突出现象之一。

对于食者个体来说，过食带来的危害，不仅是带来食物数量的损失，更危害了人体的健康。过食会引发很多疾病，如肥胖症以及肥胖带来的高血压、高血脂、高血糖以及痛风等疾病。医学调查显示，这些疾病的发生几乎都与饮食过量有关。从医学角度观察，过食的类型可以分为习惯性过食、重度过食、连续过食、不定期过食、偶尔过食、社交过食、压力过食、情绪过食。表现为吃饱了还在吃、感到高兴时吃东西、感到悲伤时吃东西、感到无聊时吃东西、感到压力时吃东西、明知不该吃却还吃等。这说明对于过食病患者来说，过食根本不是身体需要，而是一种病态。

研究资料显示，由于过食，2015 年全球有 22 亿人受超重或肥胖问题困扰，其中 1.08 亿儿童和超过 6 亿成年人属于肥胖人群。在全球人口最多的 20 个国家中，青少年肥胖率最高的是美国，接近 13%；成年人肥胖率最高的是埃及，约 35%；肥胖儿童数量最多的是中国和印度，分别达到 1530 万人和 1440 万人；肥胖成年人数量最多的是美国和中国，分别达到 7940 万人和 5730 万人。此外，2015 年全球约 400 万人因超重或肥胖问题死亡，其中近 40% 发生在超重人群。[①]

（二）过食型浪费的治理

对于食者个体来说，对过食型食物浪费问题的治理，首先要在理念上调整自己的认知，认识到过食绝不是一种幸福，它不仅危害人体健康，也是对食物的一种浪费。

在行动上，应采取多种措施，与自己和家人的过食行为告别。例如，了解自己和家人的身体营养需求，定时定量吃饭，注意饮食的营养平衡等，一旦发现自己和家人身体超重，已经患上了过食病，一定要制订节食计划，科学进食，合理膳食，坚决彻底地和过食行为告别。

三、矫正污染环境的食事行为

食者个体对食母的污染破坏主要表现在两个方面：一是大量使用不洁

---

① 《全球超 20 亿人口超重或肥胖》，见 https://www.cas.cn/kj/201706/t20170614_4604923.shtml。

能源，二是乱丢乱倒生活垃圾。

（一）大量使用不洁能源

不洁能源是指在能源的开采和使用过程中，会释放出有害物质，对大气、水体和土地产生污染和破坏。生活能源与环境有着十分密切的关系。当前，食者个体在生活中大量使用不洁能源，对地球生态环境造成了极大污染破坏，形成了一系列食事问题。在生活中，要倡导食者个体使用清洁能源，节约使用能源，还大自然一片绿水蓝天。

（二）乱丢乱倒生活垃圾

垃圾污染包括工业废渣污染和生活垃圾污染两类，其中生活垃圾与食者个体紧密相关。生活垃圾的大量存在，会对大气、水体和土地产生污染和破坏。对于食者个体来说，一是要树立环保生活观，改变不良生活方式，以铺张浪费为耻；二是在生活中减少垃圾的产生量，从源头减少生活垃圾。

做好垃圾回收工作，也是减少垃圾数量的一个好办法。垃圾只是个相对的说法，据测算，70%的垃圾存在利用价值，只要利用得好，垃圾也可以变成宝物。如今，世界上许多国家正在开展垃圾分类活动。作为食者个体，在垃圾分类上具有不可替代的作用。做好垃圾分类，是食者个体必须认真对待的一项工作。生活垃圾可分为废纸、塑料、玻璃、金属和有机垃圾五类。电池体积小危害大，实行单独收集。前四类可在家中不起眼的地方分别放置，分别投放到小区和社区分类箱中，再由回收部门或专业运输队酌情多日收运一次，直接送到有关工厂做原料。这样做将大大降低垃圾总量和体积，减少垃圾转运中耗费的人力和物力，减少垃圾堆放对环境造成的污染，也减少了环卫部门清运和处理垃圾的负担，减少垃圾处理费用。

四、矫正不当吃事方法

食者个体的不当吃行为，包括滥吃珍稀野生动植物，也包括奢侈、浪费等其他不当吃行为。食事问题个体治理的一项重要内容，就是审视改正这些不当的个体吃行为。

（一）拒吃珍稀野生动植物

2001 年 4 月，东方美食杂志社曾主办过一个名为"拒烹"的公益活动，主题是"珍爱自然，拒烹珍稀野生动植物"。这一活动，吸引了超过 100 万的中外厨师的签名支持。与会者发出了这样的活动宣言：我们，光荣的绿色厨艺大使，高举新厨艺主义大旗，放眼全球，放眼未来，珍爱自然，保护环境，净化心灵，净化灶台，维护生物多样性，拒烹珍稀野生动植物。用我们的卓越行动，唤起社会的良知，肩负起大使的光荣使命，为创造绿色的饮食环境，奉献自己的爱心和力量。

滥吃野生珍稀动植物，会造成两大危害：一是会造成食物链断裂；二是野生动植物会携有多种病菌病毒，给食者造成食用安全问题。

人类处于食物链的顶端，由于人类自身的贪婪，不少动物因为人类的捕猎而大幅减少，甚至从地球上销声匿迹，如大海雀、大海牛、斑驴、旅鸽、渡渡鸟等。对于大自然来说，食物是一个完整的链条，这个链条某一环节的缺失，对地球生物整体带来的危害，会逐渐地显现出来。

比起滥吃给生物链带来的危害，野生动植物给人的危害就更直接、更快速。有关研究表明，世界范围内，来源于野生动物的人类传播病比例已经超过 70%。人类历史上的数次重大疫情，大多跟"野生动物"有关。

对于食者来说，现有的四五十种驯养动物和数百种驯化植物，无论是从营养还是味道来说，都已经可以满足人体的需要，不必因为猎奇、奢侈去滥吃。美国著名的生物地理学家加雷德·戴蒙德曾提出过一个著名的"安娜原则"："可驯化的动物是可以被驯化的，不可驯化的动物各有各的不可驯化之处。"而可驯化的动物需要具备六个条件：被人类需要、生长速度快、繁殖周期短、性情温顺、不易受惊、能在驯养条件下交配繁殖。说白了，养得起、值得养、用得上、可持续，除了这样的动植物，食者一定要管住自己的嘴，不去滥吃。

（二）远离不当吃行为

滥吃珍稀野生动植物之外，对食者个体来说，还有许多其他不当吃行为，如只顾美味欣赏，忽视营养健康，吃事奢侈、浪费、过食等。作为食者，要重视吃事、研究吃事，远离这些不当的吃事行为，才能吃得健康、吃出长寿。

第十章　从大食物问题角度扬弃食事习俗

食俗即食事习俗，是人类在长期饮食活动中逐渐形成的相对稳定的、群体性的民间习俗，其内容和形式，约定俗成，代代相传。在这个过程中同时形成了各种饮食礼仪和规则，也成为食俗的一部分。由于人类所处的地理环境、民族国度、历史进程、宗教信仰等方面的差异，形成了多姿多彩、各自不同的食俗，构成了人类食俗庞大纷繁的体系。

食为习俗是一种软性的教化，比起强制性的食事行政和食为法律，它更容易深入人心、为人接受。食为习俗有优劣之分，我们要对其进行双元性的认知，不能一味地强调继承。对于良俗要大力发扬；对那些丑陋的食俗，要摒弃；对那些顽固的丑陋习俗，例如浪费食物，要利用法律来约束。

第一节　从大食物角度看食事习俗

自远古时代开始，人们就喜欢把美食与节庆、礼仪活动结合在一起，年节、生丧婚寿的祭典和宴请活动，都是表现食俗文化风格最集中、最有特色、最富情趣的活动。

食俗作为一种文化现象，其形成与发展必然受物质条件的制约。例如，由于食用器具、食用场所的限制，春秋、战国等历史阶段的宴会分为坐席分食，并产生了相应的分食食俗；到了明清两代有了火锅，围锅共食的习俗得以出现。食俗作为一种文化现象，同样受政治因素的影响当权者的习惯会辐射到民间。例如，唐代一度禁食鲤鱼，元朝时期盛行吃羊肉等。食俗的形成也受到空间环境的影响，如常见的北咸南甜、北麦南稻现象。民俗还受到宗教的影响，现存的很多食俗都有原始宗教活动的影子，如佛教过午不食等食俗。另外，民族英雄的故事和传说对食俗影响颇深，如中国的端午节吃粽子、中秋节吃月饼等习俗。

在解决大食物问题的过程中，食事习俗是一种软性的教化，比起强制性的食事行政和食事法律，它更容易深入人心、为人接受。食俗分为良俗和陋俗，发扬良俗，改正陋俗，对传承民族地域文化，改善人类饮食习惯，都具有重要意义。

一、食事习俗的定义

食俗是民间长期沿袭并自觉遵守的群体事实行为模式。食俗并不是一成不变的，民族间、地区间、国家间的交往，经济的发展，科技的进步都推动着食俗的演变，食俗既是一个国家悠久而普遍的历史文化传承，又是一个民族约定俗成的社会标准，还是一个地区言行、心理上的日常生活惯例或惯制。

食事习俗分为事件食俗、年节食俗、宗教食俗、地域食俗和食俗礼仪。

事件食俗是指以饮食生活作为主要方式的食俗，如婚嫁、生日、小孩满月、搬家等事件的食俗。中国人婚嫁新人多喝喜茶，吃喜糖、喜蛋、喜饼、喜面，以示庆祝；日本婚宴中必不可少的是虾、黑豆、海葡萄，寓意长寿、多金与多子多孙；西式婚宴中情调尤为重要，注重以酒配菜，主要有各式牛肉、羊肉类菜肴搭配适合的红葡萄酒；在埃及，生日时候一定要吃很多水果，象征生命和繁衍；在南美的圭亚那，咖喱、鸡、鸭、羊是生日的主食；在韩国，过生日多喝海带汤。

年节食俗是指重大节日食俗。年节食俗把美食与节庆、礼仪活动结合在一起，年节祭典和宴请活动是表现食俗文化风格最集中、最有特色、最富情趣的活动。中国的年节食俗多种多样，是悠久历史文化的一个重要组成部分。例如，除夕之夜阖家团圆吃年夜饭，农历五月初五端午节吃粽子，农历八月十五中秋节吃月饼，等等。这些都表达了人们对团聚、安康的美好祝愿。世界各地食俗有异，即使是同一节日，其食俗也不同。例如，庆贺新年，法国人喝"完余酒"，西班牙人吃葡萄，瑞士人吃黄瓜，阿根廷人喝蒜瓣汤，日本人吃素三天。

宗教食俗是指不同宗教体系里独特的饮食习俗。在食俗的形成和演变过程中，宗教产生了强大的影响。伊斯兰教倡导穆斯林有所食有所不食，只吃伊斯兰教教法许可的有益于人体健康的食品，对一些有损人们身心健康的食物形成了一定的饮食禁忌；佛教有过午不食的说法，规定僧人食素，不食五荤，不食有异味的食品，不饮酒；欧美各国普遍信仰基督教，圣诞节是基督教最重要的节日。圣诞节不仅是教徒们要隆重纪念的日子，也是每个家庭聚会的大喜日子。在美国，圣诞晚餐的主要食物是烤火鸡，复活节多吃羔羊肉、面包、火腿、彩蛋。

地域食俗是指具有地域特色的食俗。例如，辣椒是墨西哥的三大基本食品之一，墨西哥人喜欢将又香又甜的芒果切开，撒上一层辣椒末再吃；乌干达盛产香蕉，客人光临，先敬一杯香蕉酒，再品尝烤蕉点心；韩国人吃狗肉世界文明，韩国每年要吃掉200万只狗，"狗肉生意"是一项大产业；印度人喜食咖喱，常用的咖喱粉就有二十多种。

食俗礼仪是人类生活中的一件顶级大事，出于对食物的敬重，全世界许多民族和宗教群体，都有自己的食俗礼仪。例如，日本人在食前要念いただきます，并做出双手合十托夹筷子的手势；伊斯兰教在进食前要念"太思迷"，基督教在进食前要进行祷告，感谢主赐予自己食物。对食为食俗礼仪的研究，有利于我们深入了解不同民族的饮食观念，理解食物在人类心中的重要位置。

二、食俗的良俗和陋俗

食为习俗学有优劣之分，我们要对其进行双元性的认知，不能一味地强调继承。良俗包括礼让、清洁、节俭、适量、健康等内容，这是人类食俗中值得大力发扬的部分，具有正能量导向；陋俗包括浪费、猎奇、不洁、奢侈、迷信等，这是人类食俗中应该摒弃的部分，对于陋俗，要人人喊打；对那些顽固的陋俗，要利用法律来约束，如图 10-1 所示。

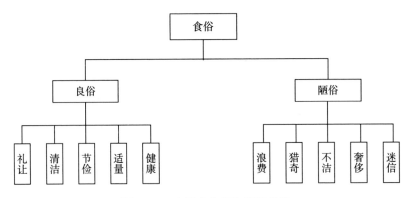

图 10-1　食俗中良俗和陋俗分类

人类数千年的文明史积淀了众多优良的食俗，例如古代每到立春时节，中国的皇帝都要赶着黄牛，在自己的"一亩三分地"上示范耕作，以示对食事的重视。出于对食物的敬重，全世界许多民族和宗教群体，都有自己的食俗礼仪。传承好的食俗对于发展烹饪业、服务业，调节人类饮食习惯，传承民族地域文化具有重要意义。

浪费、奢侈是两大陋俗，与食者个体的食物浪费紧密关联。食物浪费的现象非常严重，尤其是在餐桌上，"好面子""讲排场"的心理导致了大量的食物被丢弃，造成了巨大的浪费和损失。据央视报道，中国人每年在餐桌上浪费的粮食价值高达 2000 亿元，被倒掉的食物相当于两亿多人一年的口粮。① 这种浪费和奢侈的食为陋俗不仅表现于民间，更泛滥于官场，公款吃喝问题曾经大行其道，盛行一时。为了遏制餐饮浪费问题，除了从道德层面上的宣传教育，我国更从法律层面上予以约束，于 2021 年 4 月 29 日，十三届全国人大常委会第二十八次会议表决通过了《中华人民共和国反食品浪费法》。

第二节 开展食事礼俗教育

一、食事礼俗的扬优弃劣

食俗领域的大食物问题应对，体现在对食事礼俗的扬优弃劣，主要从发扬良俗、摒弃陋俗、强化法制手段三个方面着手。

优良食俗是食为教化的核心内容之一，其目的是用教化的手段来传承正确的食事行为，矫正不当的食事行为。食为陋俗认知与摒弃不够问题的出现，与优良食俗的教育、宣传、普及和推广不力有关。对食为陋俗认知与摒弃，要从发扬优良食俗入手，优良食俗的普及和深入，是应对大食物问题不可或缺的、长期有效的重要手段。在发扬优良食俗的治理方面，一些国家已开了个好头。如丹麦设立了全国粮食浪费日，皇室公主、食品大臣和餐厅主厨一同示范如何节约粮食。起始于 2013 年至今仍在持续的中国的"光盘行动"，就是对奢侈型食物浪费的一次成功应对。2013 年 1 月初，来自金融、广告、保险等不同行业的三个成员发出号召，"从我做起，今天不剩饭"，得到多人响应，并提议将当年 1 月 10 日设为"光盘节"。之后，该团队成员通过发微博、给餐厅送海报、设

---

① 转引自季力平：《哪些中国人一年倒掉两亿人口粮》，《济南日报》，见 http://opinion. people.com.cn/n/2013/0128/c1003−20347210.html。

置展板、与就餐者进行沟通互动的形式进行宣传。经过数年努力，终于得到政府的首肯和支持，成了遍及全国的一个节约粮食的活动。为发扬节俭食俗，2021年4月29日，全国人大通过了《中华人民共和国反食品浪费法》。

二是摒弃食为陋俗。食为陋俗的存在和泛滥，不仅浪费了大量食物，有损于人类道德，同时也有损于人体健康，理应得到食者的一致摒弃。但从现状来看，这些陋俗不仅长期存在，有些还"陋而不臭"，得到某些人的推崇。例如对环境、餐具、菜品、包装等过分奢侈的追求，对身体并无益处，还造成了大量浪费，但对于某些食者来说，对此非但不去谴责，反而成了追逐的目标。这说明，对食为陋俗的遏制力度还非常不够。对那些食为陋俗，要人人抵制；要做好长期战斗的准备，一经露头，立即打击，反复露头，反复打击。

三是强化法制手段。民俗属于道德范围，对于食为陋俗的应对，一般仅限于道德层面，但是必要时也可以辅以强制性约束应对。实践证明，有效解决食物浪费问题，仅仅依靠教育感化、道德谴责是远远不够的，必须辅以法律手段。例如对于浪费食物这种陋俗，总是采用道德批判是不够的，对于严重的浪费现象，必须拿起法律武器，如制定、实施"反浪费食物法"，让违反者承担相应的法律责任。同时，需要以新习俗解决食物浪费。

人类目前对"礼让、清洁、节俭、适量、健康"这些优良的食俗的发扬力度还非常不够。盲目攀比、追求奢侈、滥杀野生动物等陋俗仍未得到全面遏制，浪费食物的现象比比皆是。食为习俗来源于大众生活，改正不良食俗，是一件长久的工作，需要每个食者个体的参与，也需要制定具体措施。例如在食学教育方面，要大力宣扬节俭的优良食俗，不以奢侈为荣，杜绝食物浪费。要想把优良的食俗传承下去，发扬光大，人们面前的道路还很漫长。

二、制定推行餐前礼仪

论及个体不当食为造成食物浪费的原因，是对食物缺少应有的敬畏和珍惜。如何把对食物的敬畏和珍惜从一种态度变成每一个人的持续行为，是一个非常难的问题，也是一个全人类都要面对的问题。要解决这一难题，应该在没有餐前礼仪的国家，设计一个餐前礼仪方案。

中国古代有许多的敬畏食物、节约食物的礼仪。[①] 但是，发展到现代，却缺少了敬畏食物、节约粮食的餐前礼仪，这是浪费食物的顽疾陋俗得不到彻底解决的重要原因之一。为了改变固有的不当食为习惯，我们制定了一个针对中国民众的餐前礼仪：中华餐前捧手礼[②]，如图 10-2 所示。

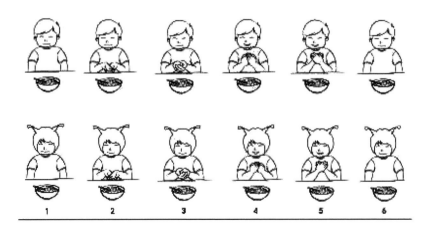

图 10-2　中华餐前捧手礼

中华餐前捧手礼：

（1）名称：中华餐前捧手礼。

（2）简称：捧手礼。

---

① 参见王学泰：《中国饮食文化史》，中国青年出版社 2012 年版，第 83 页。

② 参见刘广伟：《食学》，线装书局 2020 年版，第 491 页。

（3）解读：捧手贴心吟，粒粒皆辛苦。

（4）行礼范围：中华民族大家庭的每一个人，每一个中国人。

（5）行礼要求：自觉行礼，心存感恩。每餐前，先行礼，后吃饭。

（6）仪式：由一句敬语和一组手势组成。

1）一句敬语：粒粒皆辛苦，或其他更适合本地习俗的敬畏食物的俗语、谚语。

2）一组手势：双手捧起并贴在胸前。具体分为六个步骤。

第一步，端坐在餐桌前，双手放在双腿上。

第二步，伸出双手，掌心向上，双手十指相叠，搭在一起。男士右手在上，女士左手在上。

第三步，捧起手掌，拇指搭在食指上，牢牢拢紧，形成碗状。犹如捧着清泉，不能漏掉一滴。

第四步，吟诵（或默念）"粒粒皆辛苦"，同时把双手移到胸前。

第五步，把双手贴在胸前放平，男士左手在外；女士右手在外。语毕，停留 3 秒。

第六步，把双手放回双腿上。礼成。

这一礼仪，已经由新华网等数十家媒体推荐，于 2020 年向中国广大公众传播使用。

世界各国情况不同，不能以"一礼贯之"，为此，我们又提出了一个世界通用的"AWE 礼仪"方案，号召地球上的每一位食者从每一餐开始，敬畏食物，珍惜食物。

"AWE 礼仪"包括敬语和手势两部分。AWE 的发音：AWE 是世界语，含义是敬畏，其发音为 [awì]，汉语可发"阿喂"。选用世界语，是为了突出它的世界性，方便五大洲不同种族和国家的发音。AWE 的手势：先双手相捧，持续 2 秒，念敬语 AWE，1 秒后双手并拢于嘴前，静止 1 秒后收拢十指缓缓放下。这种手势，参考了已有的礼仪手势，便于世界不同国家、种族的理解和普及，如图 10-3 所示。

图 10-3 吃前 AWE 礼仪

食前礼仪方案的制定、实施和普及，有利于唤醒每一个心灵，面对必需、珍稀的食物，再也不能无动于衷。我们要通过这个礼仪，树立敬畏食物、珍惜食物的意识，为了美好的生活，为了子孙延续。

第十一章　全面治理大食物问题的目标
——食业文明

大食物问题是一个长久伴随着人类的问题。自从人类"脱猿入人"那天起，它就自始至终纠缠着我们，一天也没有放手，一天也没有远去。今天人类所面对的食事问题，没有因为文明的进步而减少了，相反，它比以往任何时候都更为艰巨复杂，更为瞬息万变，人们逐渐意识到增强解决食事问题的能力是多么重要。

食业文明是以食事产业作为社会发展根基的一种文明发展形态，它的产生与发展，都是为了解决大食物问题。实现食业文明是全面治理大食物问题的总体目标。

食业文明阶段由设想变为现实，必须满足四个条件：食物总供给得到保障，食物可持续得到保障，吃方法科学全面，建立起和谐的食为社会秩序。

食业文明是人类食事文明最后一个阶段，它将敲开人类理想社会的大门。

第一节　食业文明的七个食事特征

食业文明不是一个没有内容的口号，也不是一个空洞的概念。食业文明建立在对人类社会和人类文明科学研究的基础上，有着明确的实现条件和实现标准，有着实现的时间表和路线图。

人类的每一个文明阶段都有鲜明的自身特征，例如生食文明阶段的食物野获，驯化文明阶段的食物驯化，动化文明时代食物获取效率的大幅提升等。食业文明阶段也不例外。

食业文明阶段是人类文明的高级阶段，距离人类理想社会只有一步之遥。食业文明阶段和人类已有的文明阶段，尤其是动化文明阶段相比较，具有七大明显的特征，即食业文明是一种整体文明、可持续文明、和谐文明、长寿文明、闲暇文明、限欲文明和地球文明。

一、食业文明是整体文明

食业文明是整体文明，这有两方面的含义：一是在食业文明阶段，人类和人类命运，已经结成了一体；二是人类和自然是一个整体，二者之间不是相互对抗，而是共生共荣。

早期人类十分弱小，以点、线的状态散居于世界各地，彼此之间并无联系。之后逐渐强大，点变成了块，线变成了段，随着工业化的进程，终于有了地球村的概念。但是此时人类社会仍是以国家的形态出现，国与国之间你争我夺，战争不断。随着经济全球化深入发展，资本、技术、信息、人员跨国流动，国家之间处于一种相互依存的状态，一国经济目标能否实现与别国的经济波动有重大关联。各国在相互依存中形成了一种利益纽带，要实现自身利益就必须维护这种纽带，即现存的国际秩序。

经济全球化促使人们对传统的国家利益观进行反思。瞬间万里、天涯咫尺的全球化传导机制把人类居住的星球变成了"地球村"，各国利益的高度交融使不同国家成为一个共同利益链条上的一环。任何一环出现问题，都可能导致全球利益链中断。一个国家的粮食安全出现问题，则饥民将大规模涌向别国，交通工具的进步为难民潮的流动提供了可能，而人道理念的进步又使拒难民于国门之外面临很大道义压力。互联网把各国空前紧密地连在一起，在世界任何一点发动网络攻击，看似无声无息，但给对象国经济社会带来的损失却有可能不亚于一场战争。气候变化带来的冰川融化、降水失调、海平面上升等问题，不仅给岛国带来灭顶之灾，也将给世界数十个沿海发达城市造成极大危害。资源能源短缺涉及人类文明能否延续，环境污染导致怪病多发并跨境流行。面对越来越多的全球性问题，任何国家都不可能独善其身，任何国家要想自己发展，必须让别人发展；要想自己安全，必须让别人安全；要想自己活得好，必须让别人活得好。在这样的背景下，人们对共同利益也有了新的认识。既然人类已经处在"地球村"中，那么各国公民同时都是地球公民，全球的利益同时也就是自己的利益，一个国家采取有利于全球利益的举措，也就同时达成了自身利益。

在食业文明阶段，地球村民的身份代替了国家，即使国家仍然存在，国家之间的权力分配未必要像过去那样通过战争等极端手段来实现，国家之间在经济上的相互依存有助于国际形势的缓和，各国可以通过国际体系和机制来维持、规范相互依存的关系，从而维护共同利益，维护人类的命运共同体。在这种整体文明的光辉照耀下，观照到每一个人，而不是某一地区某一部分人。动化文明观照的不是 77 亿地球人的整体秩序，它以国家利益而不是人类利益为核心去认知、应对食事问题，从而加重了地球村大食物问题的严峻性，使之成为威胁可持续发展的梗阻和路障。食事文明社会强调对人类的食事问题应给予整体认知、整体治理，从而彻底解决了每一个地球角落的大食物问题。

在动化文明时代，人和自然是二元的，人和自然的关系是对立的。工业社会一直强调人对于自然的控制。在这种理论指导下，人类对自然的控制和征服活动愈演愈烈，而这正是造成现代人类社会生存危机的重要原因。

食业文明阶段的自然观，与工业文明的自然观不同。食业文明的自然观是整体性的，它不再把人和自然机械地分割为绝然对立的主体和客体，而是把它们的联结视为一个高度相关和不可分离的有机整体。在这个整体互动的生物圈中，经济与社会的发展和人与自然的发展既相互依存又相互制约。人虽为地球上万物之灵，但也只是"大自然机体上普通的一部分"。作为大自然的产物，人类和周围的环境一起构成一个环环相扣、密不可分的整体，并通过彼此之间不断的物质循环、能量传递和信息交换，共同维持和推动着整个生物圈向着高度整合、整体优化与可持续的方向协同发展。人与自然之间这种在本体理论上所具有的同根同源整体共生性，决定了人类不能也不应该主宰自然。如果人类肆意摧毁自然，那么必将引起自然生态系统中生态链条的断裂，一旦生态链条断裂，就必然导致"自然之死"和"人类之死"的结局。

因此，在食业文明的框架下，人类和自然最大限度地实现了两者的共生，实现了人类健康、地球健康这个目标。

二、食业文明是可持续文明

动化文明的发展观是一种典型的拜物式的发展观，它所追求的是单一的"发展＝经济增长"模式，忽略经济发展与社会发展的相互协调，把发展单纯归结为物质财富的积累。长期以来，在这种发展观支配下，人们在对自然的认识和实践上都陷入了一种误区。在认识上，人们一方面不再考虑环境养育能力，不再考虑资源的再生能力和自净能力，而是把自然视为蕴藏着"取之不尽，用之不竭"的资源宝库，专门供人类无偿地"单向性"索取和"掠夺式"开采；另一方面则把自然界当作随意排放废弃物的垃圾场，以为它有着无限的修复力、承载力和透支能力。在实践上，在整个工业化的发展过程中，人们所追求的，只是如何发展得更快，而并不关心诸如"为了什么发展"和"怎样的发展才是好的发展"这样的问题。

在食业文明阶段，动化文明阶段的不可持续的发展观和发展实践都受到了唾弃。食业文明照耀下的发展观是一种可持续的发展观，它既追求人的发展，又追求自然的发展，是人与自然相得益彰的整体发展。其核心与本质，是在促进经济发展的同时，维护和确保人类与自然的协同进化和共同发展。

与动化文明发展观相比较，食业文明阶段可持续发展观呈现出以下两个特征。

第一，在发展目标上，可持续发展观把人、经济、社会和自然看作一个动态复杂系统，注重发展的整体性、综合性、内生性。这一方面体现在"人—社会—自然"复合系统的整体性上，另一方面体现在"生态—经济—社会"复合系统的整体性上。可持续发展观的这种系统整体性的思维特征，决定了其在实践目标上所要达到的两大根本旨趣：一是人与自然的和谐统一与协同进化，二是生态与经济的有机统一与协调发展。既然是和谐统一与协同进化，就应该在满足人类自身生存发展需要的同时，不损害非人类生命物种满足其生存发展需要的能力的发展，把实现人类自身的利益与实现非人类生灵的利益有机结合起来，保证当代人利益、后代人利益及环境利益都得到公平对待。既然是有机统一与协调发展，就应该从更高的境界、更宽的视野去审视这一发展战略，谋求做到在推进经济社会又好又快发展的同时，也要切实维护好人类赖以生存的自然环境的和谐与发展，努力推进社会经济系统和自然生态系统的循环流动与可持续发展。

第二，从发展实质来看，可持续发展观追求的是人的全面发展。可持续发展战略包含三个基本要素，即需要、限制和协调，其中最重要的是需要。可持续发展观形成于 20 世纪 60 年代到 90 年代，按照世界环境与发展委员会在 1987 年所发表的《布伦特兰报告》所下的定义，它是指"既满足当代人的需要，又不对后代人满足其需要的能力构成危害的发展"。这一定义昭示了可持续发展观在发展取向上的两个维度：一是在空间维度上要满足所有当代人的需要，即实现合理的代内公正；二是在时间维度上要满足不同时代人的需要，即保证充分的代际公正。不管是哪一种形式的公正，可持续发展都是以满足人在现代条件下的需要为诉求的。这样，可持续发展战略将需求概念和发展概念有机联系起来，把满足人的全面需求作为自己的目标，这在很大程度上克服了传统发展观把发展仅仅视为单纯的经济增长或纯粹的社会结构变迁的局限，给发展概念注入了深厚的人文底蕴，昭示了可持续发展观的"人本"精神。

三、食业文明是和谐文明

和谐一词一是指和睦协调，二是指配合得匀称、适当、协调，三是指和解、和好相处。在人类前三个文明阶段，尽管一再提倡和谐，但是由于自身的局限，个体与个体间的不和谐，个体与群体间的不和谐，群体与群体间的不和谐，群体与地球生态间的不和谐，还是随眼可见，甚至愈演愈烈。食业文明阶段，这种不和谐会减少到最低程度，代之以人类内部、人类和自然两个方面的和谐。

专家指出，和谐世界观包括五个维度，一是政治多极，二是经济均衡，三是文化多样，四是安全互信，五是环境可持续。政治多极的内涵是，在相互依存的世界上，各大力量中心之间应有一个相互制约的力量框架和多边的行为方式来处理世界事务。经济均衡的内涵是，只有发展中国家与发达国家获得共同发展，世界才会有真正的发展，因此解决发展问题是人类共同利益之所在。文化多样的内涵是保持文化多元，保持人类思维活力，为解决全球问题提供更多答案。安全互信的内涵是，安全是共同的，只有别人安全，自己才有安全，保障安全的有效手段不是冷战式的同盟加威慑，而是互信互利平等协作的新安全观。环境可持续意味着各国必须携手合作，把可持续发展理念落到实处。①

上述观点只是和谐世界的初级阶段，居于更长远的视野与眼光，到

---

① 参见曲星：《人类命运共同体的价值观基础》，《求是》2013年第4期。

了食业文明阶段，国家很可能已经消亡，国与国之间的不和谐因素已经不复存在。信息化、智能化的高科技给予了食物供给可靠保障，人与人之间不必为争夺食权大打出手，人类与食母系统的矛盾已经由剧烈对抗变为和谐相处。那个世界，才是和谐世界的高级阶段。

四、食业文明是长寿文明

工业文明满足了人类对食物数量的需求，改善了人类的医疗条件，使人的寿期得到较大提升。而工业化对环境的污染，化学添加剂在食物生产中的不当使用，又同时影响到人类的生存质量，影响到人类达到哺乳动物应有的寿期。食事文明的一个重要指标就是人类寿期得到充分实现，位列哺乳动物平均寿期的前茅。

基于目前的医学认知，寿命主要由五大因素决定：遗传差异、环境因素、生活方式、医疗条件及社会化因素。世界卫生组织在一份统计调查报告中指出，在影响健康寿命的各类因素中，生活方式（饮食、运动及生活习惯）占60%，遗传因素占15%。健康饮食对健康的促进作用已得到公认，而食物利用率的终极体现是寿期。健康饮食由两方面的因素组成，一是健康的食物，二是健康的吃法。根据联合国人口司公布的数据显示，日本、中国香港与中国澳门在全球各国家和地区2025年的人均预期寿命排名中相当靠前，分别达到了85.0岁、85.3岁和84.7岁。[①] 研究发现，它们的地理位置都是海岛，独特的环境为其提供了优质的食物。它们的吃法都是东西合璧，既尊崇当代的食物营养理论，也注重古老东方的食物性格学说。

在食业文明阶段，人类已经消除了贫穷和饥饿，食物数量和食物质

---

① United Nations Population Division, *World Population Prospects 2019, Volume I: Comprehensive Tables,* 见 https://population.un.org/wpp/Publications/Files/WPP2019_Volume-I_Comprehensive-Tables.pdf。

量可以充分满足需求；人们热衷于享用优质食物，并乐意为优质食物埋单，科学全面的吃方法得到普及，因饮食不合理导致的食病基本消失，人类的寿期会大幅度增加。长寿文明是食业文明阶段的一大特征，在这个时代，正常的人类寿期都能达到 120 岁。

五、食业文明是闲暇文明

英国哲学家罗素有句名言：能聪明地充实闲暇时间是人类文明最新成果。

"闲暇"一词由来已久，理解却众说纷纭，所涉领域与内容也极其广泛。哲学、社会学、经济学、管理学、体育学中都有它的身影，游戏、娱乐、运动、学习等种种活动中都能找到它的存在。一切有助于使人实现身心愉悦与放松、获得生活乐趣、体验到人生快乐与意义的活动，都能纳入闲暇的范畴，甚至还由此诞生了一门学问——休闲学。

古希腊哲人亚里士多德这样给闲暇定义："幸福存在于闲暇之中，我们是为了闲暇而忙碌。"科学社会主义的创始人马克思也指出：休闲和劳动是人的自由全面发展的双重社会生活基础。他将休闲看作人的基本生存状态之一。① 由此可见，休闲是人类自古至今的一种文明需求。只不过在生食文明和驯化文明阶段，人类的劳动效率低下，几乎全员、全部时间都投入食事劳动中，否则就难以生存。工业文明大大提升了生产效率，促进了服务业、娱乐业的发展，同时也增加了人类生存的紧张度，挤占了人类大量的闲暇时间。对于多数劳动者来说，他们只是在资本压榨下的一种"肉体机器"，哪里有休闲的时间、能力和精力？

追求闲暇、追求快乐，是人的本能，也是人类更高层次的需求。在食业文明阶段，在保持最大限度地提高社会效率的同时，也会最高效率地

---

① 朱聪：《休闲与人的全面发展》，《法制与社会》2018 年第 2 期。

提高国民闲暇时间的比值。在食业文明阶段，休闲活动是人们生活中有机、重要的组成部分，休闲与人的全面发展密切相联，如何科学、合理地安排好休闲时间，越来越受到人们的关注和重视。在食业文明阶段，休闲活动多种多样，休闲行业成为社会支柱行业，形形色色的休闲企业鳞次栉比。休闲有利于人们的身心健康，休闲成为一种广泛的文明生活方式，休闲是社会经济发展的一种象征，休闲是人向自身本来意义和价值的一种回归，休闲有利于和谐社会的构建，休闲成为一门进入科学体系的大学问。

闲暇文明，是未来人类社会的"高效文明"。食业文明阶段，也是充分实现闲暇文明的美好时代。

六、食业文明是限欲文明

印度民族主义领袖甘地有一句广为人知的警句："地球提供着足够的东西来满足每个人的需求，但是不提供足够的东西来满足所有人的贪婪。"① 这就是说，人的欲望是无限的，而地球资源是有限的，有限的资源满足不了无限的欲望，所以人类必须学会约束自己，有所为有所不为。保留生存必需欲望，发展生存必需产业；节制生存非必需欲望，限制威胁生存的产业；控制威胁生存的欲望，革除生存非必需产业，是食业文明的重要标志。

消费观是消费主体在消费过程中体现出来的价值观。作为一种社会经济现实在人们头脑中的观念反映，消费观折射出了人们对待消费活动的基本认识和思想态度，指导、规约着某一特定社会成员的消费行为，进而对个人的发展和社会文明的发展产生重要影响。健康合理的消费观有利于促进自然—人—社会复合生态系统的和谐发展，而盲目扭曲的消费观不

---

① ［印］Y.P. 阿南德（Y.P.Anand）、［美］马克·林德利（Mark Lindley）：《甘地关于节俭和贪婪的观点》（*Gandhion Providence and Greed*），见 https://www.academia.edu/303042/Gandhi_on_providence_and_greed，2015 年 2 月 12 日。

但不会成为社会发展的动力，甚至还会造成资源浪费、生态失衡、环境恶化，以及人格分裂等严重后果。

动化文明坚持消费主义的消费观。消费主义崇尚"体面"的消费，沉溺于对物质财富和自然资源无节制的物质享受和消遣，并把此追求当作生活的目的和人生的价值。在这种消费观念的支配和驱使下，便发生了丹尼尔·贝尔（Daniel Bell）在《资本主义文化矛盾》一书中所指出的消费异化的现象。

消费异化首先是消费目的的异化，使人的消费价值目标发生偏离，导致消费观念扭曲和价值取向错位，并最终使人迷失自我。在消费中，人们无视商品的使用价值和人的真正需要，只专注于欲望的满足、财富的炫耀和身份的建构，甚至认为对物的占有就等于对幸福和美好生活的拥有，这使消费与人的真正"需要"和"使用价值"渐渐背离，消费不再是目的，而是演变成为满足欲求的一种手段，演变成为消费而消费的病态行为。其次是消费行为的异化。消费对象能满足消费者的需要是通过消费行为来实现的，消费行为的初衷也就在于满足需要，而异化了的消费行为，与消费行为的本义是背道而驰的，它表现为过度的消费、无节制的消费和恣意的消费等，其结果必然造成人类对自然资源的无情攫取和疯狂掠夺。当前危及人类生存与发展的环境问题，在很大程度上是人类消费行为异化的折射。

食业文明所尊崇的是一种限欲文明，这是一种建立在对消费主义反思基础上的生态消费观。它秉承适度消费、绿色消费等理念，注重物质需求、精神需求和生态需求的协调，倡导热爱自然、节约资源、关爱他人。生态消费观之所以能够取代消费主义消费观而成为当代人应该选择也必须选择的消费模式，是因为它在消费过程当中同时兼顾了消费者个人、社会和自然三者的关系，具有更全面、更广泛的伦理意义。

限欲消费是尊重自然、践行环保的绿色消费。这是一种旨在促进经济发展与环境保护"双赢"的消费方式，是食业文明建设的可持续性消费方式。在消费内容上，食业文明生产用的原材料和生产工艺、生产过程对环境没有任何潜在的副作用；在消费过程上，食业文明的消费品在使用过程中不会对其他社会成员的工作、生活以及周边的环境造成不良影响；在消费结果上，食业文明的消费品使用后不会产生过量的垃圾、噪声、废水、污气等短期内难以处理的、对环境造成破坏的消费残存物。

限欲消费也是崇尚文化、满足心灵的精神消费。生态消费不是以物质财富和自然资源的高消费为衡量尺度的，而是以突出人们的文化消费含量与精神享受高低为标准的。这种消费方式将人类从对物质的"虚假消费欲望"中解脱出来，恢复人的需要中的精神追求，实现了人自身以及人与人、人与自然的和谐与可持续发展。

限欲消费更是崇尚健康、注重节俭的适度消费。适度消费首先是一种与自然的承载力、养育力、修复力相适应的消费。地球是人类栖身之所、衣食之源，但地球上的自然资源是有限的，并非取之不尽、用之不竭，所以任何人在消费时不仅要考虑人生存的健康限度，而且要考虑资源环境的承受载荷，切实把消费水平限定在人口、能源、资源的可承载力范围之内。适度消费还是一种旨在追求代内和代际之间公正的均衡性消费。它强调消费者在消费时不仅要考虑自身利益，而且要充分考虑和保证他人和社会的整体利益，把当代人的利益和子孙后代的利益同时兼顾起来。

在食业文明阶段，限欲消费是在高度道德感的前提下，人的一种自觉行为。

七、食业文明是地球文明

在动化文明的瓶颈期，面对不断爆炸的人口和日益枯竭的地球资源，有一种说法是人类可以离开地球，移民到其他星球。这是一种可实现的理想还是一种幻想？

　　自人类进入工业化时代以来，人类的确遭遇到前所未有的生态危机。"气候变化"成了人类最担心的自然环境问题。随着地球变暖的发酵，全球多个"气候引爆点"正在跨越临界点。

　　研究人员认为，气候变化可能导致人类的衰落，因为我们的文明将难以应对地球的持续变化。在"气候引爆点"中，已有超过半数达到临界点，其中最显著的灾难性标志包括亚马孙雨林的破坏、南极冰盖的融化、北极永久冻土层的消失和全球变暖等。而冰盖的融化将导致海平面上升，让陆地面积减少，迫使不断增加的人口迁往内陆。这一系列爆点的爆炸还破坏了数以万计物种的栖息地，对生物多样性发出毁灭性的打击。最可怕的要数全球变暖，高温将使地球变得更不适合居住。再加上人口数量的激增，粮食危机、淡水危机将进一步加速灾难的发生。澳大利亚国立大学名誉教授威尔·史蒂芬曾用一个比喻来表达人类的命运：这就像泰坦尼克号意识到自己遇到了麻烦，它需要大约行驶 5 公里的时间来减速和掌舵，但它距离冰山只有 3 公里……

　　上述麻烦，就是一些人鼓动逃离地球的依据。但是，以今天人类的科技水平，登上近邻火星尚不可能实现，逃离地球、在茫茫太空中为人类找到另一个家园，只是痴人说梦。

　　宇宙之大无边无际，地球在浩瀚无垠的宇宙中就如大海里的一滴水。地外文明应该存在，但是以当今人类的科技水平，我们距离太空移民还有着太远的距离。曾有科学家把宇宙文明等级划分成七个等级。① 其中一

---

① 　学界对于宇宙文明等级的认识是一个渐进的过程。1964 年，苏联天文学家卡尔达舍夫在从宇宙信号中寻找外星生命迹象时，将信号联想到能量，并提出了根据能源消耗来对假设的文明进行排序的指数，并依据此将宇宙文明等级划分为三个等级。美国科学家卡尔·萨根与日本科学家加来道雄在此基础上又进行了理论发展。匈牙利科学家加兰泰·佐尔坦则在原有理论基础上又增加了暗物质变量，由此而演变出今天的 7 级文明，甚至 12 级文明等。

级文明被称为行星文明，能随意操控地球能量，可利用母星上所有可用的资源，驾驭整个世界的能量输出，可随心所欲地控制天气、河流、生物和海洋等，甚至地壳内的变化和兴衰，可以说一级文明在其母星上拥有着主宰能力，甚至可以摧毁周围的行星。二级文明可操控太阳系，能够控制整个恒星系统。在太阳系的各个恒星中自由居住和穿梭，不用担心能源问题。三级文明又称之为星系文明，可以轻易掌控整个银河系，整个星系就好比游乐场，可以自由旅行并长时间生活，也可以随心所欲地开发，可利用银河系内的所有能量，甚至可以从黑洞中汲取能量。四级文明也叫作宇宙文明，已经达到可以开发全宇宙 70%—80% 的能量，能够感受不同星系的具体位置，还能以某种方式与其他星系文明进行交流。五级文明可以穿梭多元宇宙之间，可以开发其他宇宙的能量。六级文明又称神级宇宙文明，不仅仅局限于开发能量，甚至可以随意操控时间、空间和创造出宇宙。七级文明是一个预留级别的文明，它高级得令当今人类的意识无法想象。

在上述七个宇宙文明中，我们属于哪一个宇宙文明呢？答案是：最低的一级都算不上，现在的我们只能算得上 0.7 级宇宙文明。科学家指出，如果人类要想从二级宇宙文明晋升到三级宇宙文明的话，至少也需要几十万年甚至更久的时间。而依照现在人类对地球生态的破坏速度，届时一个让人类宜居甚至勉强生存的地球早就不存在了。

中国有句古语，"橘生淮南则为橘，生于淮北则为枳"，何况人乎？即使有能力把某个人送出去，也不代表能够实现整个种群的迁移，任何向外星球移民的宣传都是一种不负责任的忽悠。地球是人类食物的唯一来源，人类因此而成为一个共同体。地球生态系统的破坏，看似天灾，实则人祸。其挽救办法也不是躲避逃脱，而是为了和地球和谐相处，改变人类自身的行为。

食业文明是地球文明，不是他球文明。

第二节　食业文明的四个实现条件

任何文明的实现都需要主客观条件的达成，食业文明也不例外。要将食业文明阶段由设想变为现实，必须确保下述四大任务指标完满实现。它们是：食物总供给得到保障、食物可持续得到保障、吃方法科学全面、建立起和谐的食事秩序。四者皆备，缺一不可。

一、食物总供给得到保障

实现食事文明的首要条件是保障食物的总供给。在食事文明时代，人类的食物数量要得到保障，食物质量要得到保障，还要有效控制食物浪费。

食物数量得到保障。在食业文明阶段，由于人类掌握了科学先进的种养方法，有效控制了人口数量，食物数量得到有效保障。在提升食物数量方面，人们不再需要依靠大量使用化学添加剂来提高食物数量的伪高效，而是通过数字平台和智能机器，对食物的种养环节给予精确控制。食物生产不再靠天吃饭，而是通过对气候和天气的有效控制，通过先进的水利设施、土地改良措施，实现食物生长效率的最佳化，农业、遥感、气象、水利、食物消费趋势等相关数据，会大大增强对农产品产量的预判能力，让食物产量跃上一个新的台阶。

在食业文明阶段，以生物科技而不是化学技术培养的人造食物会异军突起，越来越多地呈上人类的餐桌，既缓解食母系统面积有限产能有限的困境，又从根本上解决食物数量不足的难题。

食物质量得到保障。在食业文明阶段，原生性的食物得到推崇，绿色种养、绿色加工得到普及。食物的色香味以及口感，统统依靠食物的自身来改变，违反生命成长规律的速生产品不见了，化学添加剂退位，取而代之的是绿色食品的普及。

在食业文明阶段，正确的消费观保证了食物的高品质。在这个时代，食物虽然成了必需的"奢侈品"，但人们仍然乐于为它的高价买单，因为人们认为这种投入是身体健康的必需。

在食业文明阶段，人类将跳出对少数食物大面积种养的窠臼，人们能够吃到的食物品种比现在丰富得多。此举从根本上保证了人类的营养平衡，保证了食物质量。食物浪费得到有效控制。有人做过测算，当今人类生产的粮食，已经足够当今的人口消费。那为什么这个世界上还有8亿多人吃不饱饭，处于饥饿缺食状态？除了分配不公外，浪费食物是其中一个重要原因。食业文明阶段，伴随着人们道德水平的提升，伴随着反浪费法律法规的制定和执行，得益于对食物获取、食物利用诸领域的统一管理，损失、丢失、变质、奢侈、时效、商竞、过食等七大类型的浪费现象消失，延续数千年的食物浪费陋习得到有效抑制。

二、食物可持续得到保障

工业文明在食事方面的最大问题，就是食物的不可持续，进而威胁到人类社会的不可持续。因此要实现食业文明，就必须保障食物的可持续。无论是食物生产还是食物加工，无论是对食者健康还是对食秩序的管理，都要与大自然和谐一致。没有和谐的食为生态秩序，就没有食物的可持续，人类文明的可持续。

要实现食物的可持续，首先要保障的是食母系统与人的和谐一致。20世纪以来，大工业的发展引起了资源短缺、森林破坏、耕地减少、土地沙漠化、生物物种灭绝和环境污染等一系列问题，人类对食母系统的干扰与破坏，已超出自然界的再生能力和自我调节能力，是不同水平的自然平衡濒临可能自我修复的极限，人类所直接面对的生态系统正在朝向不利于人类生存和发展的方向演化。在这种态势面前，人类必须修正发展方向和发展目标，摒弃那些战天斗地的口号，停止那些破坏食母系统的食为行动，把人和食母系统的关系由对立变成和谐一致。

要实现食物的可持续，还要建立和谐的食为生态秩序。要把人和食母系统的关系由对立变成和谐一致，不仅要对人类和食母系统的关系重新认知，还必须建立起一整套和谐的食为生态秩序。食事秩序是社会秩序的核心内容，是人类食事的条理性、连续性，是食事系统的条理性、连续性、效率性的动态平衡状态。食事秩序包含三方面内容：一是食为与生态之间的生态秩序；二是食为与群体之间的社会秩序；三是食为与个体之间的肌体秩序。这三种秩序之中，建立食为与生态之间的生态秩序是实现食业文明的必要条件，也是当务之急。

三、吃方法科学全面

吃方法与人类肌体健康息息相关。动化文明时代，人们对食物十分重视，科学全面的吃方法并没有得到普及。要实现食业文明，"3-372"的科学吃方法必须得到全球普及。地球村民人人掌握科学、全面的吃方法，个个懂吃会吃，会用掌握的食学知识管理自己的食行为，吃出应有的健康和寿期。

一是全维度的吃方法得到普及。全维度的吃方法又称"3-372"吃方法。它将进食的关注阶段从一个变成三个，除了关注吃中阶段外，还关注吃前和吃后。吃前有三辨：辨食、辨体、辨时；吃中有七宜：进食数量适宜，进食种类适宜，进食频率适宜，食物温度适宜，进食速度适宜，进食顺序适宜，食物生熟适宜；吃后有二验：察验身体释出物，察验体态变化。"3-372"吃方法是迄今为止最科学最全面的吃方法，当今的普及度还不高。在食业文明阶段，它必须得到全民普及。

二是吃出应有的健康和寿期。人体健康分为三个阶段：健康、亚衡和疾病。由于吃方法存在盲区误区等原因，当今人类亚衡和疾病阶段过长，健康阶段太短。要实现食业文明，人类必须调整吃事，远离亚衡和疾病，吃出健康。食者寿期与食物利用密切相关。当今走在平均预期寿命前列的国家，是食物品质好、膳食相对合理的日本、瑞士、西班牙等国。但其中最高的也不过80余岁，离人类预期寿命120岁还有很大距离。在食业文明阶段，人类寿命必须达到哺乳动物的高值。这是食物利用率是否达标的最终标志。

三是吃病减少趋向消失。吃病是因食而来的疾病。在人类诞生之后，它像一个驱之不去的魔鬼，一直跟随着人类。实现食业文明的一个必要条件，就是吃病减少直至消失。在食业文明阶段，食物数量、食物质量均得到有效保障，人人掌握了科学的吃方法，缺食病、污食病、过食病消失，为个人和社会节约了大量的医药费。食物吃疗学的发展，食学的普及，让偏食病、敏食病和厌食病的患病率也大为降低。人类迎来了一个吃病不再猖獗的时代。

四、建立起和谐的食事秩序

建立起和谐的生态秩序，是人类对外关系的必需。而在人类社会内部，也必须建立起和谐的食为社会秩序，才能达到食业文明的目标。和谐的食为社会秩序包括构建全球食物经济体系、构建全球食为法律体系、食权得到普遍尊重、食者数量得到有效控制，等等。

构建全球食物经济体系。全球食事经济体系指世界各国、地区通过密切的经济交往和国际经济协调，在食事经济上相互联系和依存、相互渗透和扩张、相互竞争和制约所形成的体系。当前全球粮食经济体系虽有，但问题多多，主要有过于商业化、局部区域供求失衡、粮食价格扰动不稳等。在食事文明时代，经过全球协调，已经形成了世界食事经济从资源配置，以及从生产到流通到消费的多层次和多形式的交织和融合，使全球食事经济不再受商业行为困扰，供求平衡，形成一个不可分割的有机整体。

构建全球食为法律体系。构建全球食物经济体系，必须以构建全球食为法律体系为基础和依托。在工业文明时代，已经建立起以国度为单位的法律体系，但是全球性食事法律体系建设还很薄弱，国际性的食法基本上是以公约形式出现，加上没有强有力的执法机构，造成了国际食法的散乱羸弱，执行乏力。实现食事文明的必要条件之一，就是全球食为法律体系得以构建，国际食法食规齐全完整，法律之手触及每一个有人类生存的角落，有一个国际性的权威执法机构，执法有力。

食权得到普遍尊重。食权是人权的基础，没有食权，人的生命都无法保障，何谈人权？因此，实现食业文明的一个必要条件，就是食者权利得到普遍尊重，食权观照到地球村的每一位食者，人人都有获取食物的权利，人人都有分享食物的义务，没有一个人因缺食致病，或因缺食致死。

食者数量得到有效控制。据联合国经济和社会事务部发布的资料，至 2019 年，我们这个地球村的村民已经达到 77.1 亿人，预计 2050 年将达到 100 亿人，百亿人口所需要消费的食物，已经临近"食物母体"能够承受的极限。有限的食物资源，无法支撑无限的人口增长，这是动化文明阶段的一个最大的食事问题。"人口爆炸"与"食物稀缺"携手同行，要实现食业文明，必须对人口的无序增长进行有效控制。

食业文明理论有所不同，它是建立在逻辑推断的基础上，以人类数百万年食事实践做基础，解剖了成千上万个大食物问题，充分分析了其中的经验和教训，因而得出的科学判断。食业文明理论将指导人类不断地进行食事探索，最终叩响理想世界的大门。

责任编辑：曹　春

图书在版编目（CIP）数据

大食物问题系统治理／刘广伟　著 . — 北京：人民出版社，2024.5

ISBN 978 - 7 - 01 - 026554 - 4

I.①大…　II.①刘…　III.①食品安全 - 研究 - 中国 ②食物加工 - 研究 -
中国　IV.① TS201.6

中国国家版本馆 CIP 数据核字（2024）第 095352 号

大食物问题系统治理
DASHIWU WENTI XITONG ZHILI

刘广伟　著

人 民 出 版 社 出版发行

（100706　北京市东城区隆福寺街 99 号）

北京汇林印务有限公司印刷　新华书店经销

2024 年 5 月第 1 版　2024 年 5 月北京第 1 次印刷

开本：710 毫米 ×1000 毫米 1/16　印张：16.25

字数：213 千字

ISBN 978 - 7 - 01 - 026554 - 4　定价：78.00 元

邮购地址 100706　北京市东城区隆福寺街 99 号

人民东方图书销售中心　电话（010）65250042　65289539